孩子性格内向、不爱交际怎么办？

【美】安德鲁·艾森（Andrew Eisen） 【美】琳达·恩格勒（Linda Engler）——著

李现宝——译

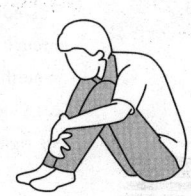

中国友谊出版公司

图书在版编目（CIP）数据

孩子性格内向、不爱交际怎么办？/（美）安德鲁·艾森，（美）琳达·恩格勒著；李现宝译. --北京：中国友谊出版公司，2018.11

书名原文：Helping Your Socially Vulnerable Child: What to Do When Your Child Is Shy, Socially Anxious, Withdrawn, or Bullied

ISBN 978-7-5057-4400-4

Ⅰ.①孩… Ⅱ.①安… ②琳… ③李… Ⅲ.①儿童-内倾性格-研究②儿童-心理交往-能力培养 Ⅳ.①B844.1②C912.11

中国版本图书馆 CIP 数据核字 (2018) 第 110820 号

著作权合同登记号　图字：01-2018-4088

HELPING YOUR SOCIALLY VULNERABLE CHILD: WHAT TO DO WHEN YOUR CHILD IS SHY, SOCIALLY ANXIOUS, WITHDRA OR BULLIED By ANDREW R. EISEN AND LINDA ENGLER
Copyright: ⓒ 2007 BY ANDREW R. EISEN AND LINDA ENGLER
This edition arranged with NEW HARBINGER PUBLICATIONS
through BIG APPLE AGENCY, INC., LABUAN, MALAYSIA.
Simplified Chinese edition copyright:
2018 Beijing Standway Books Co., Ltd
All rights reserved.

书名	孩子性格内向、不爱交际怎么办？
作者	［美］安德鲁·艾森 ［美］琳达·恩格勒
译者	李现宝
出版	中国友谊出版公司
发行	中国友谊出版公司
经销	新华书店
印刷	河北鹏润印刷有限公司
规格	710×1000 毫米　16 开 14 印张　160 千字
版次	2018 年 11 月第 1 版
印次	2018 年 11 月第 1 次印刷
书号	ISBN 978-7-5057-4400-4
定价	42.00 元
地址	北京市朝阳区西坝河南里 17 号楼
邮编	100028
电话	(010)64668676

前言

作为焦虑和相关障碍方面的专家，我们经常接受很多父母的咨询。他们最常咨询的是如何帮助那些患有分离焦虑症、恐慌症、羞怯、社交恐惧症或者强迫症的孩子及其家庭。但是，已经变得愈发明显的是，这些孩子的苦恼并不局限于焦虑。随着研究的深入，我们经常发现焦虑的年轻人还伴有其他问题，比如易冲动、注意力易分散、不灵活、消极或者爆发性的情感发作。这些孩子们所拥有的共同点是：性格内向、不爱交际，在社交中处于弱势地位，也就是说他们极易被同龄人忽视或排斥。本书就是为了帮助那些可能内向、患有轻度到中度社交恐惧症、不爱交际（社交退缩）或者社交弱势、性格胆怯的孩子的父母们。

为什么选这本书

很多家庭教育类的书，或者以某一种障碍为中心，比如多动症或强迫症，抑或以几种障碍为中心，用特定一些章节分别阐述每种障碍，这些书提供给读者的知识非常广泛。然而，大部分孩子并不是与某一种类型或另外一种完全一致。相反，他们可能具有不止一种障碍。我们这本书将会帮助你理解这些不同的特点是如何共同影响你孩子的社交能力的。

本书呈现给你的是十个真实的生活事例，它们全部来自我们大量的临床经验，都是对我们在实践中见到的典型家庭的描写。当然，为了保护被提到的家庭的隐私，我们已对任何会透露其真实信息的内容做过修改。

相信这种新颖的方式能够让你和这些家庭一起去感知孩子出现的问题，确定孩子出现的问题的类型（社交恐惧症、不合群或者不爱交际），并且逐渐认识到多元的因素（例如禀性、对焦虑的敏感度和神经状态）可以相互作用，甚至会影响孩子们对社会的适应性。最后，我们还会和这些家庭一起分析孩子出现的问题，找到教会孩子应对问题的策略和提高社交技巧的最好方法，帮助孩子成为社交达人。

现在，让我们来看一些会和焦虑相互作用，给孩子的社交成功之路设置障碍的因素。例如，你的孩子经常会出现以下的情况吗？

- 误解别人的意图
- 曲解别人的评论
- 认为自己根本就没犯错
- 毫无征兆的情感爆发
- 经常抱怨自己很累
- 坚持以自己的方式做事

如果你熟悉以上行为中的任何一种，你应该知道它们可以毁掉家庭的生活质量。父母经常会原谅或者忘记这些行为，可是你孩子的同龄人、老师和教练可能就不会这么宽容。这本书的目的不仅仅是帮助你孩子生活中的关键人物去理解孩子社交和情感问题的本质，还给孩子提供了一个通向社交成功的机会。

我们的项目以实证研究为基础,是经过临床验证的。我们的目的是通过这个已被验证的方法来帮助你的孩子,使他们克服胆小、内向,摆脱社交焦虑或者退缩,并且提高你的家庭生活质量。同时,我们还将增强你孩子的魄力、自信、热情和感知能力,并教会他变得越来越机灵、宽容、有责任心和尊敬他人!

如何使用这本书

你可能会在我们描述的某一个真实生活事例中看到你的孩子的特点。但更为典型的是,你的孩子将会和我们事例中描述的很多孩子拥有相同的特征。基于这个原因,请先阅读前三章,这样你就能更深入地了解你孩子的社交困境。在每一章节结束的时候,你可以使用我们的检查表来辨别孩子需要改变的具体特征,包括社交焦虑、不爱交际、社交弱势等。在第四章,我们将会帮助你理解取笑和恃强凌弱之间的区别,以及一些表明你孩子正在被欺负的迹象。在随后的章节里,你将能够判定你的孩子是否存在着被同龄人忽视、不被接纳或者两者都有的风险。

在第五至第八章,我们会提供一步步的指导,探讨如何帮助你的孩子克服羞怯,摆脱社交焦虑或者社交退缩,以及改善他/她和同龄人之间的关系。你能够选择相关的治疗目标,设计和实施一个属于你孩子的应对策略和社交技巧的个别化方案。最后,第九章将会帮助你了解孩子的进展,从而决定是否需要专业人员的帮助(如果可能的话,还需要药物治疗)。

请注意,为了便于阅读,在不同章节,我们交替使用男性和女性的代名词。因此,在第一章,当提到孩子的时候,我们使用男性代词;在第二章,我们使用女性代词，依次类推。

这本书能如何帮助你

本书有多种用途。对于那些还没有寻求专业人士帮助的父母，本书可用作一步步操作的指导；也可被用作一种教育资源，探讨人的本性与发展，并提供对儿童和青少年社交和情感困惑的治疗方法；或者用作一种参考，尤其当你在决定是否需要申请专业人员帮助的时候。在资深治疗师的指导下，我们鼓励你用好这本书，你会获得最好的效果。

这本书无论是对于其他家庭成员和亲戚、心理健康专家、教师、学校心理学者和管理者、教育家、语言病理学专家、职业疗法专家，还是那些想要更好理解和帮助孩子克服他们社交难题的其他人来说，都是一种实用性很强的宝贵资源。

准备好了吗？让我们开始吧！首先，我们要确定你孩子胆小、害羞和社交焦虑的具体性质和程度。

目 录

第一章　如何理解孩子的羞怯或社交焦虑 / 001

第二章　如何理解孩子的不爱交际 / 021

第三章　如何理解孩子的社交弱势 / 037

第四章　如何理解恃强凌弱行为 / 069

第五章　当你的孩子羞怯或社交焦虑时，怎么办 / 087

第六章　当你的孩子不爱交际时，怎么办 / 123

第七章　当你的孩子处于社交弱势、被忽视时，怎么办 / 143

第八章　当你的孩子处于社交弱势、不被接纳时，怎么办 / 175

第九章　为了孩子的未来，请跨出一步 / 203

第一章

如何理解孩子的羞怯或社交焦虑

本章目标

在本章中,你将学会:

- 识别孩子们羞怯或社交焦虑的主要特征
- 了解一些可能会导致你的孩子羞怯或产生社交焦虑的原因

我们这个世界

想想吧，我们生活在一个可以说是非常纷杂的世界中，因此，在一些场合中感到羞怯或者忸怩是非常正常的。生活中的每一天，我们都有可能要去面对家人、朋友或者同事。你是否曾经有过害怕和他们相遇的时候？你是否有时候会感到极为烦恼，比如一想到和很难相处的亲戚在一起就感到不舒服？幸运的是，对于我们大部分人来说，这些恐怖的社交场合很少出现。然而，对于社交焦虑的孩子来说，即使普通的交往也可能令他们感到害怕。一些我们认为理所当然的日常行为，比如开始一段对话、加入一个组织或者向某人求助，对他们来说都可能是很大的挑战。

羞怯和社交焦虑通常开始于童年时期，但直到青春期早期，都很可能没有人注意到。你如何知道你的孩子的社交焦虑是否只是一个暂时阶段？如果他的社交焦虑已经持续了六个月或者更久，并且正在影响他的学习、他与同伴的交往、他幸福的家庭生活，甚至现在还在产生一些其他的问题，比如情绪低落或社交退缩，这就可能是一个长期的问题，需要及时的帮助和治疗。

研究表明，未经治疗的青春期社交焦虑和辍学、情绪低落、酗酒，还有工作关系和社交关系的低满意度有关。要解决孩子的社交焦虑，第一步就是要识别出你家孩子（儿童或者青少年）社交焦虑的典型特征。

羞怯或者社交焦虑是什么样子的

每个孩子所经历的社交焦虑都有各自不同的特点。然而，大部分社交焦虑的儿童和青少年都具有一些相同的特征，包括羞怯、自我意识强、表现焦虑和对负面评价的恐惧。下面我们将会谈论每种社交焦虑的一些特征，并且用真实的生活事例加以阐明。

不愿参加不熟悉的活动

你可能已经注意到了，在参加新的或者不熟悉的社交活动时，你的孩子需要相当长的热身时间。热身的时间范围可以从参加生日聚会前的几分钟到参加空手道课程前的几个月。对于一些孩子来说，仅仅想到要和不熟悉的孩子玩耍、约会或者参加足球赛就可能让他们感到窒息、难受。

你可能一直尊重孩子因为害羞而对热身时间的需要。除此之外，害羞的孩子很可能会很友善、对他人有礼貌，并且不太可能会出现行为问题，因此，你可能会很容易赞赏孩子这种安静的天性。你可能也已经注意到了，如果是在家里，孩子和家人或者邻居朋友在一起，他会表现得很外向、很自信。但是，你的孩子需要那么长的热身时间会导致他在社交和课外活动方面不能像其他同龄人那样取得很快的进步。记住，不羞怯就是要适应新的或不熟悉的社交场合。根据我们的经验，一个羞怯的孩子在新的场合可能会出现以下情况：

- 热身很慢
- 独自一人待着
- 依赖关爱他的人

- 说话声音很小
- 很容易变得不知所措（哭泣、发愣或者发脾气）
- 拒绝尝试新的活动
- 参加活动之前要先观察
- 对开始或者加入一个对话很犹豫
- 容易脸红、转移视线、低头或者用手捂住脸
- 跟两个或者更多的孩子在一起互动时容易失败

现在我们用伊莎贝尔和她的父母一家的生活事例来阐述社交焦虑儿童的一些特征。

伊莎贝尔的故事

伊莎贝尔是一个可爱的七岁小女孩，她敏感、害羞，喜欢和爸爸还有她的好朋友邻居莉莉一起出去玩。但是，当有两个或者更多的孩子过来玩的时候，她经常会变得不知所措并且拒绝他们的加入。伊莎贝尔不愿意尝试其他新的活动。当她的妈妈提到某个即将到来的生日聚会或者玩耍约会的时候，她最初非常兴奋。可随着日子的临近，伊莎贝尔通常会因此而哭泣，并且情绪低落。她的确也参加过类似的活动，但一般都依赖着她的妈妈，并且只在相当长时间的热身和父母保证之后才参加。

伊莎贝尔喜爱足球。但是，尽管有一个做足球教练的爸爸，大部分比赛时间她还是只待在球场边看她的队友踢球。当她最终准备好要参加的时候，却经常会很失望地发现比赛快要结束了。

伊莎贝尔还非常聪明，她也喜欢上学。她的老师说她很文静、

很听话，但常常只和一个孩子一起玩；每当课上被提问的时候，她经常脸红，还低着头用手盖着自己的脸。

关心别人在想什么

随着孩子年龄的增长，他们开始关注别人是如何看待他们的。因此，在处理新的情况时，很多孩子会采取一种比较谨慎的方法。除此之外，他们还可能变得比较敏感，自我意识增强。他们可能比较害怕成为别人注意的焦点，担心犯错误或者丢人现眼，你应该已经注意到这些问题了。

你的孩子可能不怎么会放松自己，这会影响他自己的学习、社交或者课外活动。他可能不仅仅担心别人对他的看法，还对自己的行为要求过于苛刻。这使孩子和父母都非常沮丧，尤其是当孩子在学习、体育运动或者社交场合表现都很好的时候。另外，在家里你可能看到的是一个有趣的、愉快的、自信的孩子。也许你希望他不要太担心，对自己犯的错误也不需要那么紧张。但以我们的经验看来，敏感的孩子在下列任何情况下都会感到不安：

- 参加社交或者课外活动
- 课堂上被提问
- 在黑板上写板书
- 在众人面前读书或者发言
- 在别人面前吃东西
- 在公共浴室洗澡
- 向别人求助
- 在别人面前换衣服

你还可以在史蒂芬和他的父母的生活事例中看到自我意识强和社交焦虑

的孩子的一些特征。

史蒂芬的故事

史蒂芬是一个聪明、善良的十岁小男孩，十分讨人喜欢。他学习优秀，喜爱运动，还有很多朋友。但是父母评价说，史蒂芬经常担心自己会犯错误，并且对自己要求极其苛刻。在学校里，即使他知道问题的答案，也不会举手回答。在棒球和空手道比赛中，他有些退缩，表现往往没有练习时那么好。如果他在拼写或者数学测试中犯了一个错误，他就会很沮丧，甚至会哭起来。

史蒂芬非常敏感，希望每个人都喜欢他。他的感情很容易受到伤害，尤其是当他认为别人在生他气的时候。他非常害怕在学校遇到麻烦。父母都非常地担心，表面上，他们的儿子是成就导向型的典范，但私下里，史蒂芬却被自我否定和自卑所困扰着。

害怕失败

我们都曾害怕展现自我的场合。例如，在一个重要的工作面试中，我们害怕自己会晕倒或尴尬。不管怎样，我们都成功地应付了这些情况，基本没什么问题。幸运的是，我们并没有遇到太多这样的挑战。然而，对于儿童和青少年来说，他们对失败的恐惧是如此的强烈，以至于他们想彻底避免这些展现自我的场合。仅仅想一想这些情况都可能会引起他们内心的恐慌。

你可能已经注意到了，你家的孩子在参加某种学习、社交或者课外活动时让你很头疼。比如：

- 参加考试
- 参加音乐剧或话剧表演

- 参加运动赛事
- 做口头陈述
- 去健身房
- 参加小组会议

如果你的孩子常常在考试和体育方面表现不错的话，你很难理解他为什么不愿意参加这些活动。你可能会鼓励你的孩子只要尽力就好，并且避免过于关注他的成绩。尽管你尽力去减轻他在成绩方面的压力，他在数学考试前还可能会感到身体不适，并设法逃避考试。

你可以通过贝丝和她的父母的生活事例来发现具有强烈社交焦虑和表现焦虑的孩子的一些特征。

贝丝的故事

贝丝是一个人见人爱的十一岁小女孩，她文静、有责任心。在小学表现非常好，同龄人都喜欢她，她还是个有天赋的运动员。大部分的学习和体育活动对她来说都很容易，网球比赛除外。

虽然她还在上小学，但她最近被邀请加入当地的中学网球队。在训练期间，她带着极大的自信在练习，并且经常打败比她年长的选手。然而，在比赛中，贝丝经常感到身体不适，担心自己会呕吐，害怕输掉比赛。父母很担心，因为贝丝再也不愿意打联赛了，她还想退出球队。

害怕丢脸

社交焦虑和不爱交际可能会影响儿童或者青少年的在校表现、与同龄人的交往或家庭的幸福。但是，我们需要牢记的是，像贝丝这样的孩子是非常典型的，她可以很好地进行自我调节，尤其是当社交焦虑和表现焦虑局限于一种或两种情况下的时候。然而，对于某些儿童或青少年，社交焦虑和不爱交际却出现得非常普遍，以至于影响到了他们生活的方方面面。当他们遇到任何一种涉及潜在对抗的社交活动时，要么伴随着强烈的焦虑去忍耐，要么完全逃避这些情况。

你可能已经注意到了你的孩子拒绝参加社交活动或课外活动。事实上，当社交和表演性质的活动（如测试、口头陈述或体育课）被排上日程的时候，即使一些如上学之类的必须性的活动，他也可能会尽量逃避。你家的孩子还可能设法避免参加家庭外出活动，尤其是去商场或者饭店这样的公共场所。如果你逼他去，他可能会待在那里、恐慌或者爆发性地大发脾气。

你可能一直都希望你害羞的孩子能克服社交方面的恐惧，你现在可能很担心他会慢慢患上社交恐惧症（社交恐惧症涵盖各种不同的社交和表现情况，是一种普遍的对尴尬和丢脸的恐惧）。按照我们的经验，患有社交恐惧症的儿童和青少年可能有以下性格方面的特征：

- 害羞
- 自我意识强
- 社交焦虑和不爱交际
- 害怕负面评价
- 害怕被认出或者检查
- 害怕成为注意的焦点
- 以自我为中心
- 害怕被拒绝
- 恐怖性回避

我们注意到社交恐惧包含每一种社交焦虑的特征。因此，对比其他形式的社交焦虑，社交恐惧往往会影响到社交能力的更多方面，并且对社交、学习和家庭幸福有更大的危害。

在保罗和他的父母的生活事例中，你会发现患有社交恐惧症的儿童和青少年的一些特征。

保罗的故事

保罗是一个说话柔和的十三岁小男孩，非常体贴和敏感。他是一个优秀的学生，还有很多好朋友。但是，他害怕成为人们关注的中心，还会感到尴尬和丢脸；他经常认为每个人都在仔细观察他。保罗对身体的感受特别敏感，经常说头痛，还一直要上厕所。最近，保罗拒绝和家人或朋友去一些不太熟悉的地方（比如，购物商场、饭店、电影院），因为他担心会突发恐慌或者做出一些令人尴尬的事情。

孩子产生社交焦虑的原因

到目前为止，我们已经探讨了不同种类的社交焦虑。在我们的生活事例中，你甚至会发现这些孩子的行为和你的孩子是一样的。然而，更让你难以理解的是，当你的孩子已经有过几次丢脸的社交经历后，为什么他还会继续出现社交焦虑？从我们的生活事例中，你可能已经注意到了，社交焦虑通常是由不舒服的身体感觉和对否定评价的担心延续而产生的。

不舒服的身体感觉

让我们来想一下这样的场景：你被邀请在孩子所在的学校发言。哪一种感觉是你最担心的？你会担心自己紧张、焦虑？担心自己生病？还是担心别人发现你紧张和焦虑？显然，这没有一种是你想要的。可是，或多或少，你在发表讲话前和讲话时会感到一点不自在。我们大部分人都会有这样的感觉，只是不想让别人发现而已。

社交焦虑的孩子在参加令他们感到恐惧的社交活动之前和过程中经常会遭受以下身体上的不适，包括：

- 头痛、肌肉紧张、胸闷
- 胃痛、恶心、担心呕吐
- 颤抖、出汗、脸红
- 呼吸急促、头晕、心悸

年幼的儿童可能一直不明白为什么他们会感到不舒服，年龄稍大点的儿童和青少年则很可能会把恐怖的社交场合和身体不舒服联系起来。因此，孩子由身体上的不适就联想到了潜在的后果，比如，呕吐或者惊恐，这些都是他们所惧怕的。这样，对身体不适的恐惧无形中就加剧了孩子的社交焦虑。

正是因为这个原因，你的孩子可能很清楚地意识到了他身体上的感觉以及他人正在注意他的焦虑迹象。看得见的身体症状，比如脸红或者颤抖，可能会给你的孩子带来极大的痛苦。但是，在更多情况下，这些焦虑的症状，比如出汗，是细微的、不易察觉的。因此，你的孩子对这些身体感觉的感知才是最重要的，这也引出了我们的下一话题。

对负面评价的担心

让我们再回到你在孩子的学校演讲时的感受。除了担心别人会注意到你紧张之外,你可能还会考虑下列哪种情况——犯错误、忘词或者演讲完全失败?甚至连最自信的、最有经验的演说家也可能担心潜在的负面结果。但是,个人经验的总结会帮助他们尽量减少类似想法的出现。

患有社交焦虑的儿童和青少年对负面评价的暗示尤为敏感,比如,被批评、被评判或者被嘲笑。研究表明,社交焦虑的青少年倾向于把注意力集中在社交情境的负面特点上。他们高估了自己失败、尴尬和被嘲笑的几率,并且低估了他们应付社交活动的能力。

此时,实际的结果已经不再那么重要,真正有意义的是你的孩子如何看待这个结果。你的孩子对恐怖的社交情境的评价取决于下列因素:

- 身体不适感觉的强度
- 肢体感觉被别人察觉的程度
- 内心对负面结果的相信程度
- 孩子对尴尬的感受

和身体不适一样,负面评价也可能会使孩子的焦虑继续。但是,如果二者共存的话会导致对社交情境的恐惧性回避。接下来,我们将帮你理解逃避社交和表现的情境是如何影响你孩子的正常生活的。

逃避源于灾难性的想法

如果你计划好的演讲因为恶劣的天气在开始前一刻被重新安排时间了,

你会怎么想？如释重负？其实，很多人都会这么想的。但类似的社交或表现活动从来都不会是灾难性的失败。事实上，通常我们表现得比预期的还要好，想象一些可能出现的尴尬或丢脸的情形是很痛苦的。但当儿童或者青少年成功地逃避了令他们感到恐惧的社交情境的时候，他们就会认为尴尬、丢脸或者被嘲笑的情况都不会再发生了。这样就导致他们将来更不可能去面对他们的社交恐惧了。

从本质上讲，社交焦虑是不合逻辑的，因为几乎没有证据能支持一个人害怕的想法。就社交焦虑的类别和所经历的恐惧性逃避的程度而言，我们的生活事例都是各不相同的。但有一点是相同的，那就是儿童或青少年从没有真正经历过消极的社交结果。他们只是害怕这样的结果。

那么我们该怎么办呢？告诉他们不要去担心是丝毫不起作用的。让你的孩子去面对，去感受他内心的恐惧才是帮助他克服焦虑的唯一方法。只要他认识到没有什么恐怖的事情发生，他的焦虑就会变得越来越少。

对害怕的恐惧

没有人希望感觉不舒服。然而，即使是已经认识到在社交和表现情境中尴尬的可能性很小的成年人也仍然害怕感到尴尬。就是对这种感觉的害怕导致了你的孩子的社交焦虑在失控似的发展。

我们项目的一个重要部分就是帮助你的孩子接受自己确实存在社交焦虑这样一个事实。这会使他在思考和体验自己的社交焦虑感觉方面变得越来越开放。当然，这绝不是件容易的事。你的孩子很可能不仅害怕去这样想，还可能真的相信感到尴尬和被嘲笑是无法避免的。由于这样的原因，如果激励他去面对让他感到恐怖的社交情境，他可能会出现强烈的逃避反应。你的孩子在社交对抗前和过程中是否出现过下例行为之一？

- 发脾气或者剧烈的情绪爆发
- 哭泣、颤抖或恐慌
- 假装生病
- 躲在卧室或卫生间
- 拒绝参与特定活动，或者拒绝在特定的地方讲话

这些行为对你来说好像是可以应对的。但事实上，你的孩子想通过这些方式来告诉你他承受不了了，他会尽一切办法来避免产生这种感觉。这些冲动的行为其实是生存策略而不是任性的不听话行为。在第五到第八章，我们将教你如何有效地应对你孩子的回避反应并提升他的自信。

孩子产生社交焦虑的根源

既然我们已经进一步了解了社交焦虑是如何影响孩子的，现在我们来探讨一下它的根源。研究表明，社交焦虑是生理因素、心理因素、家庭因素和同伴影响因素共同作用的结果，这一点可以从孩子的禀性和环境中看出来。

孩子的禀性

你的孩子可能一直比较害羞或者过度害怕。他像个很难取悦的婴儿，当遇到陌生人或者在陌生场合的时候会保持谨慎。这些行为与他的禀性和性格有很大的关系。研究表明，通常有类似羞怯禀性的儿童更容易产生焦虑问题，尤其是社交焦虑。这就好像你孩子的大脑对危险的信号极其警觉，不论危险是否真正存在。

在这一点上，你可能承认了你的孩子有社交焦虑的倾向，但是你可能仍然很困惑，这种倾向到底是从哪里来的，尤其如果你是一位外向的、在社交方面很自信的人。反过来说，你可能一直很害羞或者有社交焦虑，并且担心你的孩子也会因此而痛苦。不管是哪种情况，这都不是谁的错。很可能你、你的配偶或者你的一个近亲在经历某种生物性敏感时，通常以担心、恐慌、伤感的形式表达，又或者以其他的某种社交焦虑的形式表达（例如，害羞、不安或者社交恐惧症）。

有时候，我们可能感觉我们的孩子既继承了我们的优点又继承了我们的缺点。你很容易就能说出一大堆孩子在社交焦虑方面的消极因素。但是你的孩子在情感方面的敏感又说明了他是有爱心的、热心肠的。我敢保证，没有什么理由可以说他不能成长为社交自信的年轻人，尤其有你对他的爱、支持和不懈的努力来帮助他提升社交技巧。

‖ 站在孩子的立场

你孩子的禀性为社交焦虑创造了条件。这通常会以身体不适的感觉和无法适应不熟悉的社交情境的形式表现出来。研究还表明，社交焦虑的孩子对思想方面的小错误特别敏感。这些小错误被称作认识曲解，这是以错误的假设为基础的，还可能导致或增加孩子的社交焦虑。在下文中，我们将通过生活事例阐述一些常见的、在文献中经常被提到的认识曲解。

个性化。 孩子把负面的结果看成是自己的错误引起的，尽管证据表明事实恰恰相反。例如，当全班不能休息的时候，尽管是由于其他的孩子表现不好造成的，他还是会责怪自己。

极端的想法。 孩子用极端的方式看待结果，例如，好或者坏、成功或者失败、黑或者白，不存在灰色地带。

消极筛选。 孩子非常强调事情的消极方面，以致他们忽视了"大局"。例如，史蒂芬在学习和体育方面表现得都非常好，但是当他仅仅犯了一个错误的时候，他就会认为自己很失败。即使在他各方面表现都很好，他仍然可以找到负面的东西来否定自己。

灾难性的想法。 孩子会假设最负面的、毁灭性的后果将发生。例如，即使贝丝在网球训练期间很有信心地在练习，她还是在联赛的时候担心最糟糕的情况，例如呕吐或者惨败。

预测未来。 孩子会认为他可以预测未来的（负面）结果。例如，保罗逃避很多社交场合是因为他预知他认识的人会做出让他难为情的事。

读心术。 孩子会认为他知道别人在想什么，很可能他们在说他的坏话。

有社交焦虑倾向的孩子的内心就好像是一堵屈辱之墙，只有负面的和尴尬的经历才被雕刻和铭记在上面，他甚至可能把以前的积极经历都打了折扣。这种思考方式让儿童或者青少年在心理上易于加剧社交焦虑。在第五章到第八章，我们会辨别这些思想上的误区，这样就可以帮助你的孩子学会用更健康、更实际的方法来评估社交情境。

你的家庭环境

你的孩子的禀性和思维模式让他对社交焦虑的经历非常敏感。然而，你的家庭环境也可能在维持他的社交焦虑方面发挥着作用。例如，贝丝的妈妈无法容忍她的女儿在网球比赛前或者期间变得烦躁不安。她就鼓励贝丝待在家里，以便把她和丢脸的经历隔绝开。在这种情况下，为了保护她的孩子，还有什么是慈爱的父母不愿意尝试的呢？

保罗的父母说话温和，自称是家庭至上的人。由于他们都要上班，所以二人很少参加社交活动，他们更希望过安静的家庭生活。当保罗开始逃避社交活动的时候，父母并不会过分担心。

这两个不同的家庭环境所拥有的共同点是什么？两个家庭都无意识地帮助他们的孩子去避免面对社交。这可能会带来问题，因为克服社交焦虑唯一的方法就是去坦然面对、去感受焦虑。

我们还要注意在孩子身边的言语。比如，当我们阐明别人的看法或者对消极观点进行描述的时候，很可能是在无形中引导孩子对事物作出负面的评价。在第五章，我们会帮助你理解父母的教养方式是如何导致孩子的社交焦虑的。我们还会讨论一些有效的教养策略，以帮助你孩子的惊恐回避现象降到最低程度。

请花一点时间完成下面的检查表。在第五章，你的答案将会帮助你调整我们的方案，为你的孩子量身打造一款适合他具体需要的方案。

检查表：我的孩子的社交焦虑情况

1. 我的孩子的社交焦虑的主要特征包括：
   - ☐ 害羞
   - ☐ 自我意识强
   - ☐ 社交或者表现焦虑
   - ☐ 易尴尬或感到丢脸

2. 我的孩子的社交焦虑现在由于以下哪些情况而仍在持续：

　　☐ 害怕生病

　　☐ 负面评价

　　☐ 社交回避

　　☐ 害怕焦虑

3. 导致我的孩子社交焦虑的因素包括：

　　☐ 行为上的禀性羞怯

　　☐ 思想误区

　　☐ 过分保护的家庭环境

　　☐ 伙伴关系

4. 我的孩子的社交焦虑影响了他的：

　　☐ 学习机能

　　☐ 社交和课外活动

　　☐ 家庭幸福

　　☐ 伙伴关系

概述

在这一章里，我们帮助你理解孩子的社交焦虑的主要特征和产生的原因。尽管孩子在焦虑的形式和惊恐回避的程度上有所不同，但他们的同伴关系总体上还是积极的。这些孩子渴望和同伴们在一起。他们的社交焦虑是不合逻辑的，如果处理得好，就不会产生其他问题。在第二章，我们将会再介绍三个孩子和他们父母的生活事例。这三个事例将会贯穿全书，用来阐述如何帮助你的孩子应对社交焦虑。这几个孩子不但经历着社交焦虑，同时还在和社交退缩作斗争。也就是说，他们选择远离家人和不熟悉的同龄人。我们还会讨论社交退缩的本质和它与社交焦虑以及沮丧之间的关系。

第二章

如何理解孩子的不爱交际

本章目标

在本章中,你将学会:

- 识别孩子不爱交际的重要表现形式
- 理解社交焦虑、退缩和抑郁之间的关系
- 辨认儿童期抑郁的种种表现

孩子为何会选择独处

因为我们肩负着许多工作和家庭的职责,所以很多时候我们都极其渴望不被打扰,想独自待一会。但是,我们内心却希望自己的孩子能和其他孩子一起玩。因此,你就很难理解为什么你的孩子要选择独自待着。当然,想独处并没有错。独处可以给人们一个机会去反思自己、去组织自己的生活,或者就是为了休息和放松。但是,在儿童和青少年社交退缩的背后,可能还有其他的原因。

正如我们在第一章讨论的那样,许多有社交焦虑的孩子内心都期盼和同龄人在一起,但是,因为羞怯、焦虑或者害怕丢脸等因素,他们就会避开一些不熟悉的社交处境。有社交焦虑的孩子会害怕由于被迫交往带来的不舒适感,正因为如此,这些孩子会避开与他人的互动,也就会导致一次次地逃避交往,而这样的一个循环就加深了孩子对交往的恐惧,即使这种焦虑是完全不合理的。但是,很可能源于曾经的一次有挫败感的交往互动,一些孩子不管是对于熟悉的还是不熟悉的人和环境,他们都采取孤立自己或者退缩的办法来应对。同时,有些孩子可能会退缩,不是因为受打击、不合理的焦虑或一次与同龄人交往而没有成就感的经历,而仅仅是因为自身偏爱独处的活动。

宁愿独自一人

你可能已经注意到了,你的孩子已经非常擅长使自己始终处于忙碌的状态了。比起与其他孩子聚在一起玩,她更喜欢独处的一些活动,比如:在她房间里独自玩耍、做作业、看书或者听音乐。因为孩子在学校里表现一直很好,她的小伙伴们也很喜欢她，你可能还没有过度关注她的举动。但是，现在她长大了，你可能也在担忧她偏爱独处的这种趋势。在某一段时间里，她看起来非常乐意待在家里，而她的同龄人却越来越喜欢参加社交活动和一些课外活动。她却几乎对和同龄人相处没什么兴趣，这似乎有些不太正常。令人困惑的现实是，在必须和同龄人及家人相处时，她们的表现又相当棒，甚至有的时候看起来她们是尽情享受这样的时光。从我们的经验来看，这样的孩子可能会表现出以下一些特点：

- 活跃起来比较慢
- 说话温和，且行为举止保守
- （轻度）社交焦虑
- 更喜欢一些安静的、单独的活动
- 拥有适当的同伴关系

杰西卡的故事

杰西卡是一个敏感的十二岁女孩，说话比较温和。她在学校表现很好，喜欢参加一些没有竞争性的运动，也深受同龄人的喜爱。但是，杰西卡最喜欢的事情，莫过于待在家里，和她的家人在一起。

杰西卡更小的时候参加过课外活动，也参与过暑期夏令营。但是，现在杰西卡大部分的业余时间都是在自己的房间独自度过的。她喜欢读书、上网、听音乐。她的老师认为她是一个模范学生，她在她的同龄人中也很受欢迎，她看起来也很喜欢与她的朋友聊天。但是，杰西卡几乎不和她的同龄人一起玩耍。她的妈妈一直很难理解为什么杰西卡如此胆小内向。她还担心杰西卡会变得越来越孤僻。她的爸爸也是一个很害羞的人，但是他内心一直期盼着杰西卡最终能不再害羞，走出她自己的小天地。

独处更容易

杰西卡和她的同龄人相处得很好，但是，她没有欲望想要定期地和他们待在一起。她仅仅是喜欢独自一人玩耍。然而，无论是儿童还是青少年，虽然他们选择了独处，其实他们内心还是希望和其他孩子在一起的。因为羞怯和社交焦虑的因素，他们避开了一些交往的处境。更重要的是，他们仍然缺乏与同龄的伙伴交往互动的经历。结果，即使他们想和同龄人待在一起，他们可能觉得还是独处更容易些。

你可能已经注意到了，只要有同龄人在场，不管是她熟悉的还是不够熟悉的活动，甚至家庭聚会，你的孩子都会表现出强烈的抵制情绪，并拒绝参与其中。如果你试图迫使她参与，任何这样的举措都可能导致她发脾气，并持续很久。有的时候，她会看电视或者玩电子游戏来打发自己的空余时间，看起来她对此很满足，其实你知道的，她很无聊，也很孤单，心里想和其他孩子一起玩耍。这时，你也许会觉得在她身边，你不得不时时小心翼翼，因为她是如此地敏感，会认为别人无意的言辞也是针对自己的。这样，她就不会轻易地告诉你她的所思所想了。

尽管你很想帮助她，可是你不知道怎么去做。当你看到她和同龄人在一起的时候，你会很伤心。因为她一点都没有融入其中，她自己也不知道如何去做。这样的孩子可能会表现出以下的一些特点：

- 羞怯
- 自我意识强
- 社交焦虑（轻度到中度）

- 拒绝参加不熟悉的活动
- 勉强参加熟悉的活动
- 不善于表达情感
- 挫折承受力差，且容易发脾气
- 同伴关系不够

接下来的关于拉尔夫的故事就是一个例子，有同龄伙伴在场的时候，他就处于痛苦的煎熬之中。

拉尔夫的故事

拉尔夫是一个内向且易怒的十一岁小男孩。他在学校表现很好，却不能接受父母或者老师的一些有益的反馈意见。拉尔夫不是运动型的孩子，他也从来没对运动产生过兴趣。对他来说，生活在一个以运动为导向的城镇已经成为阻碍社交的障碍了。拉尔夫拒绝参加任何课外活动。他的妈妈一直在寻找能够激起他兴趣的活动。但是，不管她做什么，拉尔夫总是无视她的努力，寻找借口不愿参加，或者大发脾气。拉尔夫的爸爸试图鼓励他去做一些亲子活动，比如，打高尔夫或者看电影。为了鼓励拉尔夫参加当地的儿童消防巡查队，爸爸先做了一名志愿者。拉尔夫也确实去过好几次，但是每次都是一个人待着，然后就不愿再去了。

父母都很担忧，因为拉尔夫的朋友很少。每当他不学习的时候，就会不停地玩电子游戏。拉尔夫也会和他八岁的邻居玩耍，但是，前提是这个邻居过来找他玩。即使他最好的朋友汤姆也很少过来玩，因为汤姆爱运动。另外，拉尔夫觉得用言语来表达他的想法是非常困难的,因为每当他试着用言语来表达的时候,大家好像都不那么喜欢他了。

由于抑郁而选择独处

与杰西卡不一样,拉尔夫喜欢和同龄人在一起,但却因为过去一次受挫的交往经历而变得退缩。保罗(见第一章)也想和同龄人在一起玩耍,但是他会因为焦虑而不知所措,所以他会避开一些不熟悉的社交活动。还有一些孩子会选择独处,因为他们也会由于社交焦虑而不知所措,并且他们也在遭受着抑郁的折磨。

对于这样的孩子,久而久之,社交焦虑就开始以各种形式出现,然后遍及每个潜在的社交活动中。这样的孩子害怕成为别人关注的焦点,她总会认为自己和别人不一样,因为她感觉每个人都在观察着她。当然,即使真是这样的话,也是很少数的人在关注她。其实,正是由于她焦虑的反应,诸如脸红、发愣或者恐慌,才引起了他人的关注,这无形当中更加让她感觉被别人注视着。对于他人的对话、面部表情及手势,她时刻保持警觉,这使她疲惫不堪,结果她连和别人交往的精力和力气都没了。最终,她可能就不愿意再经常和同龄人一起参加社交活动了。

按照我们的经验,当儿童或者青少年由于社交焦虑而变得越来越虚弱的时候,她同时也会产生抑郁。不幸的是,这种来源于沮丧的感情,比如悲痛、无助或者自卑,也会导致其他孩子不愿与她交往。在接下来的部分,我们将详细说明什么是抑郁,以及它的多种表现,然后我们再来了解一下社交焦虑、社交退缩与抑郁的关系。

什么是抑郁

我们都在不同时期感到过伤心,这可能是对家庭、战争或者工作相关的压力所做出的反应。这些反应是正常的,我们往往能很快恢复原状,回到日常活动中。儿童和青少年也会体验到暂时的苦恼,这是他们对生活中的那些令人失望的事情所做出的反应,比如:考试分数较差、体育比赛失利或者找不到心爱的玩具。孩子真的会产生抑郁吗?答案是:的确会,但也取决于我们是如何来定义抑郁的。孩子体验到抑郁,有三种情况:单一的、暂时的症状,多种症状或者作为一种障碍。

大部分的儿童和青少年在不同时期,都体验过抑郁的单一症状,通常是悲痛或者苦恼的感觉。这种症状往往是暂时的,一般不会被认为是很严重的问题。

抑郁也会多种症状同时出现,通常被认为是一种综合征。儿童和青少年可能会体验到悲痛、疲劳、对活动失去兴趣甚至进食困难或入睡困难等,这些都是抑郁综合征的表现。和单一的、暂时的抑郁症相比,抑郁综合征不那么常见,却往往被紧张的生活事件所触发,比如:失去心爱的人、父母离异或者长期被同龄人排斥。

最后,抑郁也可能被看作是一种障碍。他们可能每一天会出现五种症状,并且这样的情况需要持续至少两星期。典型症状包括:悲痛、几乎对所有活动失去兴趣、易怒、疲劳、睡眠困难、食欲紊乱、自我价值的否定、内疚、想到死亡或自杀。在社会、家庭及学校相关的运作方面,抑郁症会导致重大冲突。在学前及学龄儿童身上,抑郁症的出现是罕见的(在这个年龄段的人口中，发生的概率低于2%）。但是，在青春期，抑郁症出现的概率在2% ~ 8%。在儿童和青少年身上，尤其是那些有诸如社交焦虑或者学习障碍问题的孩子中，抑郁的概率通常都比较高。

将一个人的沮丧定义为一种症状、一种综合征或者一种障碍是一项相对来说比较简单的事情。但是，辨别孩子是否抑郁，则是一项更大的挑战，这在某种程度上取决于我们是如何看待抑郁的。举个例子，人们普遍认为常见的沮丧包括以下一些特点：

- 悲伤感或不快乐感
- 哭泣
- 精力不足
- 睡眠或饮食困难
- 身体病痛

但是童年时期的抑郁有很多表象，它的形式也经常变化，这视孩子的年龄和发展水平而定。

抑郁面面观

孩子的抑郁经常表现为易生气或者闷闷不乐。易怒是最常见的症状之一，在那些患有抑郁症的年轻人中，80%的人都表现为容易发怒。其他常见症状还包括以下特点，而这些特点因为与懒惰、积极性的缺失或者选择困难有关，因此我们认为不值得考虑。

- 对父母的要求漠不关心
- 好争辩
- 顽固

- 耐挫性差
- 很难忍受日常生活琐事
- 不愿协商家庭本位或者学校本位的转变

另外，抑郁也经常以一些其他形式表现出来，比如：害怕离别、社交退缩或者是一些学前儿童不愿上学。在一些抑郁的学龄儿童中，学业困难、和同龄人交往困难变得越来越普遍。无助（"我什么也做不好"）、内疚（"都是我的错"）和消极的自我评价（"我做的每件事都招人讨厌"）也在这个时候开始浮现。当这些情感继续在青春期得到延续时，不断增加的社会孤立、自卑及死亡的念头都会因此而产生。考虑到抑郁的多种表现形式，就不觉得我们会经常忽视或者曲解年轻人身上的这些迹象奇怪了。基于这个原因，重视你孩子行为中任何值得注意的变化就显得尤为重要。

识别你孩子行为的变化

识别出你的孩子有抑郁迹象的行为不是一件容易的事。但是，如果你的孩子正在承受抑郁的折磨，那么你一定会感到有什么不对。你会察觉到这种行为不是你孩子的正常状态。平时愉快的她现在可能变得悲伤、急躁或者爱哭，或者对课外活动失去了兴趣，也或者喜欢长时间地待在她自己的房间里。她可能会因此而很难入睡，并且睡的时间也不长，甚至会在一大早就醒来。

以上的例子是抑郁症状表现相对较为明显的迹象。然而，更典型的是，你孩子的行为变化通常是非常微妙的，也是渐进的。例如，你可能认为你的孩子在学校表现很好，但是你也会渐渐发现她忘记做家庭作业或者做得很差。可能你的孩子一直很害羞或者沉默寡言，她很少打电话给她的朋友们。

而现在，根本就没有人给她打电话了，你甚至想不起她最近一次和朋友出去玩是什么时候的事了。或许你的孩子吃饭一直很挑剔，但是最近她连爱吃的食物也吃得很少。或者你的孩子一直就不是那么精力充沛，但是最近她一直抱怨说疲劳，白天经常需要休息一会儿。

当你对是否要寻求治疗举棋不定时，你会发现评估这种行为上的微妙变化是一件很棘手的事，因为这样的行为持续的时间很短，它是对具体情境的应激回应，或者是由其他问题导致的结果，诸如焦虑、身体疾病或者是人际关系问题。出于这个原因，着眼于抑郁症状的强度、时间及普遍性就显得尤为重要了。比如，可能你的孩子总是郁郁寡欢、急躁或者好争辩。因而，当她用这种方式对你的要求做出反应时，也就不足为奇了。但是最近，她总是拒绝参加她自己以前渴望的活动。另外，你也第一次发现她的消极态度在影响着她和她朋友之间的关系。或者，她一直对自己身体的一些感觉特别敏感，但是最近，她待在卫生间的时间特别长，而且不愿上学。这些行为不符合你孩子惯常的生活方式，因此令人担忧。

抑郁的原因

导致儿童和青少年出现抑郁症的因素多种多样。和焦虑一样，抑郁可能世代相传。尽管遗传起了一定作用，但通常来说抑郁还是由各种复杂的因素相互作用而形成的，比如生物学、神经化学、心理学、环境等。调查研究表明，抑郁症经常伴有其他问题，如下：

- 家庭问题，例如离婚、再婚或者兄弟姐妹间的问题
- 家庭成员的用药或者心理问题
- 住院治疗

- 损失、迁徙或者学校相关的变化
- 同龄人的忽视或拒绝
- 长期焦虑

在本书中,我们把抑郁症状看作是社交焦虑、不爱交际的结果。最重要的不是抑郁的确切起因,而是抑郁的准确鉴别和治疗,这是因为起因往往是不明确的。无论如何,假如你怀疑你的孩子有抑郁的症状,而且这种症状干扰了她的幸福生活,请你立刻联系她的儿科医师、学校辅导员或者有从业资格的心理健康专业人士。在第六章,我们将会讨论如何来治疗你孩子的抑郁症,而在第九章,我们将会帮你寻找专业的帮助。

当社交焦虑、退缩和抑郁一起出现时

你的孩子可能会退缩,也没有努力去实现任何形式的社交接触或者参加更多的课外活动。可能她花费了大量的时间在她的房间里独处、经常抱怨、疲劳、头痛、无法集中注意力。从早上起床到晚上完成家庭作业,任何事情对她来说都让她难以忍受。每次要求她完成一件事情,她总是很礼貌地答应却从来没有坚持到底。当面临诸如考试或者口头陈述这种无法避免的场合时,她就会拒绝上学。如果她无法躲避这些场合,她的反应也是带有恐慌、哭泣或者爆发性的情感发作。最近她暗淡的表情影响了全家人的心情。这样的儿童和青少年经常要努力应付下列状况中的许多种社交焦虑、社交退缩及抑郁:

‖社交焦虑

- 羞怯、说话温和
- 自我意识强

- 表现焦虑、惊慌
- 害怕消极评价
- 逃避特定社交场合，例如：学校、公共场合、洗手间、食堂、饭店、餐厅以及逃避与同龄人、家人或者学校职员的接触

‖ 不爱交际

- 朋友很少或者没有朋友
- 很少参与家庭活动
- 不参与社会活动或者课外活动
- 社交孤立

‖ 抑郁

- 悲伤、易怒或有低落情绪
- 悲观
- 疲劳
- 有身体疾病
- 注意力集中困难
- 有睡眠问题或饮食问题
- 自卑

乔治就是这样一个处于青春期的孩子，在社交焦虑、退缩和抑郁之间挣扎着。

乔治的故事

乔治是一个说话温和的十五岁男生，他比较敏感，还有点肥胖。他穿着宽松的衣服来掩盖他肥胖的身体。在学校，他几乎从不和小

伙伴或者老师交流。当其他孩子和他面对面时,他很容易脸红、低着头,甚至用他的手掩住脸。乔治经常逃体育课,他也从来没有在学校的浴室里洗过澡。他喜欢独自一人待着,经常有人看到他在大厅没有目的地闲逛。每当要考试或者参加小组演讲的时候,乔治总是不愿去上学。

他的父母认为乔治一直很害羞,还有点不合群。但是他们很担心的是,乔治一放学回家,就需要长时间的休息,有的时候睡到他们下班回家。尽管乔治有朋友,但看起来他对社交活动一点都不感兴趣。最近,乔治还开始拒绝参加家庭活动了。他总是抱怨说有头痛、恶心以及疲劳的感觉。他看起来很忧郁,情绪也很低落,他所有的空闲时间都是在自己房间里度过的。

不爱交际的代价

同伴关系是社交发展及情感发展中的重要组成部分。通过与同龄小伙伴的互动交往,孩子们可以学会独特的技巧。逃避和同伴之间的交往活动会限制孩子社交能力的培养。这样,孩子就会很难融入同龄人之中,他们也更容易感到窘迫。反复出现且范围更广的社交逃避可能会妨碍友谊的培养,造成孤单、自卑。这就是为什么在导致社交退缩、抑郁或者孤立之前,打破社交回避的恶性循环那么重要了。现在,请花一些时间来完成我们每章末尾的检查表。你的答案将有助于修改我们的方案(见第五章和第六章),以便满足你孩子的特殊需求。

检查表：孩子不爱交际的表现

1. 我的孩子的社交退缩包括以下主要特征：
   - ☐ 宁愿独处
   - ☐ 勉强和他人待在一起
   - ☐ 拒绝和他人待在一起
2. 我的孩子的社交退缩目前表现为：
   - ☐ 社交焦虑
   - ☐ 社交回避
   - ☐ 抑郁症状
3. 我的孩子的社交退缩影响了她的：
   - ☐ 学习能力
   - ☐ 社交和课外活动
   - ☐ 家庭幸福
   - ☐ 同伴关系

概述

在这一章里，我们讨论了社交退缩的主要形式及其与社交焦虑、抑郁之间的关系。在我们的真实生活事例中，每一个孩子都选择逃避和他们的同龄人或家人交往，原因有三：一、他们宁愿独自一人待着；二、比起与他人互动，他们觉得这样更简单；三、由于极度的焦虑和抑郁，和他人待在一起真的很难。在第三章里，我们将会再介绍三个生活事例，你可以从中参考，从而纵观全书的阐述来帮助你的孩子。这些孩子也经历过不同程度的社交焦虑、退缩或抑郁症状。更重要的是，由于其他问题，这些孩子已经变成了社交弱势，这也就意味着他们有着被同龄人忽视或者拒绝的风险。我们将会帮助你理解在儿童或青少年社交弱势背后的原因。

第三章

如何理解孩子的社交弱势

本章目标

在本章中，你将学会：

- 辨别儿童社交弱势的主要类型
- 了解儿童变为社交弱势的一些原因
- 识别你的孩子社交弱势的具体特征

第三章

如何進行原子核內的交戰

友谊的重要性

友谊，尤其是在小学就形成的早期的朋友之间的关系，会对我们产生一定的影响，并且这种影响会持续到我们成年。我们很多人如今仍然和童年时期的朋友保持密切的关系，这一点也不奇怪。同伴群体可以给孩子带来友谊、心理外在的支持、社会性比较，更重要的是自尊、自我价值。想要被尊重、被接受和成为一个集体中的一分子都是很普遍的需求，并且这种需求在人生的早期就开始了。基于这个原因，童年时期的同伴关系质量在一定程度上预示着以后生活的成功（或者出现的问题）。

想象一下，当一天即将结束的时候，你的生活压力仍然没有任何的减少，你会有什么样的感受？例如，当你的家人不理解你或者不在你身边的时候，你如何凝聚力量来面对即将到来的挑战？也许你会向你的朋友求助。那么现在来设想一下，假如你只身一人，没有地方去，也没有人愿意帮你，那生活会怎样？现在，欢迎来到社交弱势儿童的心理世界。

孩子为何会变为社交弱势

一般来说，儿童可能会因为很多原因在社交活动和人际关系方面退缩，包括焦虑、对尴尬处境的恐惧、不如意的交往经历等。不管是什么原因，当社交焦虑或者社交退缩导致同伴关系变糟糕的时候，通常还会涉及其他的问题。比如，有的孩子可能有强烈的攻击性、易冲动或者极度活跃；也有的孩子缺少社交能力和技巧，或者可能易哭泣。最终，这些孩子会变成社交弱势。这也就是说，他们可能会被忽视、不被接纳，甚至更糟糕的是，同龄人完全排斥他们。这并不是他们自己的问题。为什么一个孩子会故意疏远其他人，或者做一些不利于和别人建立良好关系的事情呢？多数这样的孩子不仅没有意识到他们的行为使自己和同龄人疏远了，而且不理解为什么自己不被同龄人所接受。

我们这一部分的目的就是帮助你理解为什么你的孩子变成了社交弱势。在第七章和第八章，我们将会教你一些有效的策略，来提升你的孩子的社交能力和自信。现在让我们先来看一下社交弱势的不同类别。

没有路标的社交之路

你可能还记得，我们生活中的大部分遭受着轻度到中度社交焦虑的孩子都是有朋友的，而且还深受他们的喜爱。可拉尔夫的故事却是个例外。社交焦虑并没有使他变弱，所以他看起来应当在社交方面做得更好。在同龄人的交往和家庭责任方面，他仅仅是采取退缩这个简单的方式吗？让我们来重访拉尔夫和他的父母，并设法去理解他的行为。

据他父母所说，拉尔夫太较真了，他认为任何事情都是针对他自己的。他甚至都无法区分开玩笑和嘲笑。除此之外，让他去做任何事情都会招致他的极力反抗。如果父母对他发火，他就会说："你们根本就不喜欢我。"拉尔夫不能容忍他人的个性，总是给人一种生气的感觉。

拉尔夫的老师们说他喜欢一个人待着，很少和他的同龄人交往。他总是持着一种"无所不知"的态度，很难承认错误、接受反馈和承担责任。老师们对此非常担忧。例如，如果有个孩子说了嘲笑他的话，他会非常愤怒地予以反击。他经常说："我什么也没做错。"他似乎总是无法理解自己在争执中的角色。

拉尔夫以自我为中心。比如，当妈妈一边做饭一边打电话的时候，如果拉尔夫让她去帮助他做作业，而她没有立即放下手里的活，他就会发火。当她设法向他解释原因的时候，他就会说她"自私、小气"。妈妈一直在鼓励拉尔夫参加各种活动，但是她越努力，拉尔夫就越退缩。最近，拉尔夫一直在抱怨身体上有各种疼痛，还一直感到疲劳。父母对这些状况感到不知所措，他们不知道如何来帮助他们的儿子。

为什么会这样

想象一下，我们开车穿越一个国家，却发现自己正行驶在一条没有路标的路上。让我们再假设我们没有带地图，当然你的汽车上也没有内置的导航系统。你该怎么办？你一直开车，拼命地寻找任何可以给你一点方向感的线索或地标。最终，像我们大部分人一样，你会放弃寻找，把车停在路边，打电话求助—— 当然是在你被沮丧、恐慌或者疲惫征服之后。

如果你的孩子像拉尔夫一样，他可能正在走一条没有任何路标的社交之路。路标就是一种帮助我们评价社交成功的微妙的提示。识别这些提示可以使我们能够辨别和理解别人的肢体语言。能够读懂别人的肢体语言非常重要，因为人与人之间60%的交流都是非口头的。

面部表情、眼神接触和语音语调都是社交提示的例子，它们可以指导我们进行交际活动。想象一下，当你跟你的一个老朋友或者同事聊天的时候，无论你大笑、嘲笑或者摆出一副严肃的样子，他单调的声音和柔和的表情自始至终都没有变化。你将很难弄明白你到底给他留下了一个什么样的印象。因此，为了得到对方的反应，你加强了措辞和语音语调，结果可能有点过火了。虽然你的初衷是好的，但是你的努力很可能让事情变得更糟糕，让你的朋友很生气。

由于孩子对非口头提示的理解能力有限，一些孩子可能会误解社交情境，导致同龄人无法做出积极的反应。拉尔夫很难理解别人对他的讽刺。一天，他从学校回到家，很兴奋。他告诉妈妈他被选为最后一个玩躲避球的人，他的队友说，最后的那一个选手是最好的。可他没有看到他队友脸上得意的笑容和眨个不停的眼睛。对讽刺的理解需要的是对肢体语言的解读能力，和对特定语境下话语意思的理解能力。

有些孩子，比如拉尔夫，他只会按字面意思去理解别人的话。例如，一天，拉尔夫要求特别过分，他妈妈说道："别这样了，你快要把我逼疯了。"拉尔夫听到后很抓狂，一直大叫："她叫我疯子！妈妈认为我疯了。"再比如，爸爸讲述了他跟拉尔夫的下列对话：

爸　爸：拉尔夫，到了音像店，你可以挑一张DVD。

　　　　（拉尔夫点了点头。在音像店的柜台上，拉尔夫拿了一张DVD、两张游戏光盘和一大块巧克力。）

爸　爸：我说过你可以选一张DVD……

拉尔夫：我选了。

爸　　爸：不允许买任何游戏光盘和糖果。

拉尔夫：你真吝啬。你不喜欢我！

爸　　爸：够了！我们回家吧！

我们不难理解为什么爸爸在这种情况下会生气。他把拉尔夫看成是一个被宠坏的、自作主张的和不可理喻的孩子。可事实上，拉尔夫感到被欺骗了。他对语言的不理解导致他无法明白他爸爸的意思，同时也导致他没有意识到他需要说出对糖果和游戏光盘的渴望。由于很难理解别人的意思，像拉尔夫这样的孩子经常指责别人是骗子。

一个星期六的下午，爸爸问拉尔夫是否愿意陪他去图书馆。当他们准备好要去的时候，拉尔夫的一个小邻居过来玩。三小时后，吃晚饭的时间到了，但是拉尔夫仍然坚持要爸爸带他去图书馆。爸爸设法解释说图书馆现在已经关门了，并且是拉尔夫自己选择跟邻居玩才没有去的。然而，拉尔夫叫他爸爸骗子，坚持说爸爸承诺要带他去的。然后，事情一发不可收拾。

那么这是怎么回事呢？如果你的孩子像拉尔夫一样，那么他可能面对的是一些语用认知问题。语用学这个术语指的是我们理解和使用语言以及应付口头和非口头交流的能力。有语用认知问题的孩子经常在下列方面很难理解他人：

- 幽默
- 讽刺
- 肢体语言
- 面部表情
- 情绪
- 姿势

- 意图

带有语用认知问题的孩子可能看起来是以自我为中心的，比如，他们可能无法弄明白别人的观点。此外，像拉尔夫这样的孩子经常对批评过分敏感，总是以消极的态度来对待别人对他的批评，而且还很难为他们自己的行为和表现承担责任。

有时候，当一个孩子看得出来是很聪明的，并且在学校表现非常好的时候，父母和老师很难相信这个孩子有认知问题。但是认知困难并不总是以学习上的问题的形式表现出来，尤其对于聪明的孩子来说。直到三年级或者四年级，大部分聪明的孩子往往弥补了他们在学习上的困难，尽管有细微的迹象表明他们还在挣扎着。比如，你的孩子可能取得了相当好的成绩，但仍然在下列一个或几个方面存在问题：

- 书写或打字
- 阅读理解（人物、情节或者背景）
- 抽象性的作业（数学、科学或者写作）
- 信息记忆（复杂信息或者基本事实）
- 视觉空间任务（系鞋带、从黑板上抄写作业或者走一条直线而不碰到别人）

通常在五年级或者六年级的时候，随着学习材料变得越来越复杂和抽象，你的孩子可能会突然在很多方面遇到困难，比如数学、科学和英语，而这些在以前对他来说是很容易的。因此，他可能会第一次得了低分。你也许会认为这样的分数是由于不努力而造成的。然而，这更可能是由于你的孩子在语用认知方面存在越来越多的困难而导致的。对于拉尔夫，学习上的问题还不明显。但是，他总是在剧本写作、系鞋带和记忆基本事实（如一年中的月份）方面感到吃力。这些迹象表明他可能有尚未证实的认知问题。

带有语用认知问题的孩子还可能很难把一个情境中所学的知识运用到另一个情境中去。比如，他在数学课上学到了一个概念，但是不能在科学课上运用类似的概念。同样，一个孩子可能很轻松地解决了一个数学问题，但是当面对另外一个问题时，他感到痛苦，拒绝去尝试，或者突然发脾气，无法自控。类似的行为通常被认为是任性或者懒惰。然而，这可能仅仅是由于无法承受持续性的压力，而这些压力都是由学习上的困难而产生的。

然而，我们的重点不是数学、拼写或者阅读方面的具体的学习缺陷，而是不同的"内部构造"是如何影响孩子感知、处理和理解社交情境的能力的。

如果你的孩子像拉尔夫一样，你可能已经注意到了他每次和一个孩子在一起的时候，他会和那个孩子相处得很好，如果那个孩子很拘谨、听他的话，那结果会更好。当涉及两个或者两个以上孩子的时候，他可能很快就会感到困惑、沮丧并最终选择逃避。这是因为同时去识别和理解多样化的社交提示和对话，对他来说是非常困难的。由于上述原因，你的孩子在一些非正式的、不确定的社交场合（比如休息期间、在健身房或午饭时间）和即将入学或者毕业的时候是最危险的。

如果你的孩子（儿童或青少年）有语用认知问题，他可能由于下列行为而变为社交弱势群体：

- 容易变得沮丧
- 坚持以自己的方式做事
- 指责别人说谎
- 对个人物品占有欲强

- 行为孤僻、情绪化、易怒
- 过度焦虑、有控制欲
- 难以表达需求
- 难以理解非正式场合的规则
- 害怕陷入麻烦
- 不愿意参加体育运动或者其他娱乐性的集体活动

语用认知问题可以由心理学家、语言病理学家和神经专科医师来诊断。数据的收集往往来自多种途径，包括孩子、父母、老师和专门的实验。如果你认为你的孩子可能存在语用认知问题，请咨询心理学家、语言病理学家、神经专科医师或者其他健康专家。

拉尔夫知道自己适应不了社交情境，但他不知道为什么。所以他只是选择逃避同龄人。然而，有些孩子认为他们能够适应社交情境，甚至还认为应当受到同龄人的欢迎。可是，他们却还在做一些会疏远同龄人的事情，比如，大声说话、任性或者干傻事。和选择逃避来保护自己的拉尔夫不同，这些孩子还会继续他们的方式，然后被同龄人进一步疏远。

违反社交规则

在路上，如果我们开得太快或者未能在停车标记旁停足够长时间，我们会因为违反交通规则被传讯。在社交场合，那些总是"忙个不停"的孩子，如果一直坐立不安，或者无法控制自己的行为的话，他们可能会由于过于讨厌、苛刻或者不适宜而受到同龄人的社交"传讯"。这样的孩子很快就会有一个不好的名声，为以后被孤立、被排斥、被欺负埋下隐患。同样，家人也会难以容忍这种难缠行为的困扰。现在让我们来认识这样一个孩子——艾勒以及他的父母。

艾勒的故事

艾勒是一个待人友善的十岁小男孩，他热情、随和，还喜欢体育运动和户外活动。但他的妈妈说艾勒易紧张、喜欢吵闹。

艾勒还容易变得沮丧，经常出现突发性的精神崩溃。他经常说像"我讨厌你"这样的话，尤其是当他的父母限制他行动的时候。然而，十五分钟过后，他又满脸笑容了，就好像什么都没发生过一样。即便如此，父母还是经常对他这种异常的行为很担忧。

令爸爸担心的还有，艾勒经常坐立不安、东敲敲西打打、不停地转来转去。他不明白为什么艾勒在房间里或者在上楼的时候不能像其他人一样好好走路，而是蹦蹦跳跳、跺着脚走。除此之外，艾勒还经常倒着读书，吃饭的时候脚在桌子底下动个不停。似乎这还不够，艾勒还会在听到大的噪音的时候变得焦躁不安，还无法忍受有强光的地方。

艾勒还粗鲁地对待他的家人。比如，如果爸爸在沙发上看报纸，艾勒会毫无警告地跳到他的身上。艾勒还对他四岁的小弟弟非常粗鲁。他总是对弟弟动手动脚。因为这个原因，父母都害怕把他和弟弟单独放在一个房间里。

在学校，艾勒的老师对他吸引别人注意力的行为感到担忧。在课堂上，艾勒经常突然说出问题的答案、随意插嘴、藏到桌子底下、不愿意动脑、在犯错的时候闭口不语。他经常会情绪低落，还叫自己傻瓜，或者说他讨厌自己。尽管他很聪明，但他经常匆匆写完作业，由于粗心而犯一些错误。在小组作业的时候，他经常找不到搭档。当老师指派一个学生跟他合作的时候，那个学生经常会抱怨。

艾勒经常向老师报告说他被欺负，说别的孩子总是找他麻烦，比如，他们把东西放到他的椅子底下，然后指责他偷他们的东西。如果艾勒告诉了老师，其他的孩子会给他贴上"搬弄是非"的标签，或者他们联合起来说他在撒谎。在吃午饭的时候，他被迫一个人坐，其他的孩子会把餐余垃圾倒到他的托盘里；在休息的时候，他的同学不愿意跟他玩。在校车上，别的孩子推他，叫他"笨蛋""弱智"，还用橡皮筋弹他。艾勒还说他家附近的孩子害怕被看到和他一起玩，他们会在家附近一起玩，但不会在学校里一起玩。

父母不知道该怎么办。因为艾勒现在很痛苦，所以他们感到非常伤心。然而，他们不知道该相信什么。因为艾勒经常说谎、编造事情或者反复改变自己的说法。艾勒的老师说他只是不够成熟并且需要学会自控，这对艾勒来说毫无帮助。而艾勒的辅导员说他"本性难移"。

为什么会这样

如果你的孩子像艾勒一样，他可能也会表现出活动过度或冲动的行为。活动过度包括持续不断地讲话、经常烦躁、拍这拍那、转来转去、很难安静地玩耍。冲动的行为包括打断别人的话或者脱口就说出自己的想法、很难耐心地等待、匆匆完成作业、手脚动个不停。

如果孩子有类似于艾勒的行为特征，那么他可能患有注意力缺失障碍或者多动症（ADHD）。患有多动症的孩子主要具有注意力不集中或者多动、冲动的特点，又或者两者皆有。在艾勒的事例中，活动过度和冲动的行为搅乱了他的课堂，并且同龄人疏远了他。然而，如果你的孩子虽然有一些活动过度或冲动的症状，这并不意味着他就是患有多动症。很多其他的问题或者情况也可能导致与多动症类似的特征。不过，你知道吗？有感觉障碍的孩子经常也会看起来多动或者冲动。

有感觉障碍的孩子很难理解和处理感官信息。基于这个原因，他们很可能对感官刺激过于敏感或者过于不敏感。让我们来进一步看看艾勒的行为，看看哪些问题可以从感觉处理方面来更好地解释。比如，为什么艾勒总是喜欢拍这拍那和坐立不安？

艾勒持续不断的活动可能是由于他的机体无法处理感官信息。因此，他需要持续的刺激。这些刺激可以通过他身体的活动和他"令人讨厌的"行为（比如，发出噪音、做蠢事、触碰他人）来实现。其他体现出感觉处理障碍的行为包括挑食的习惯（味觉）、强烈的情感需求（触觉）和对强光和噪音的过度敏感（视觉和听觉）。如果你的孩子有感觉处理方面的障碍，他可能还有其他的感觉问题，比如对衣服的标牌和缝合处过于敏感。

有感觉处理障碍的孩子在处理感官信息的时候，不是简单的"很困难"，而是他虽然在尽自己最大的努力，尝试理解他的世界中的各种令他困惑的感觉经验，但是因为他的中枢神经系统不同，他可能不知道如何对特定的感官刺激做出反应。例如，艾勒一直忘记使用"内在的声音"。为什么他一直忘记呢？他喜欢自作主张吗？事实上，很可能是因为他的感觉处理能力不足，艾勒既无法衡量也无法调节自己声音的音量。对他来说，他的声音听起来刚好，所以他无法理解为什么他的妈妈总是因为这个来烦他。来看另外一个艾勒对某一刺激无法正确感知的例子，他无法区分无意的碰撞和有意的冒犯之间的区别。据在学校和家里的目击者称，有时碰撞完全是偶然的，然而艾勒总认为他们是故意的，他做出的反应就好像是受到了严重的伤害，并且总是愤怒地予以还击。这是因为他对触碰的感觉比其他正常的孩子更敏感得多。理解感官刺激并对之做出反应对艾勒来说非常困难。如果你认为你的孩子在遭受感觉统合障碍的困扰，请考虑咨询当地有经验的职业治疗师。

艾勒还有一些冲动的行为，这些行为在一定程度上可以通过感觉处理、焦虑或者易冲动这几方面来解释。但是更典型的行为与多动症的症状有很多相似之处。这包括他喜欢插嘴、突然说出自己的想法和匆匆完成作业。如果艾勒冲动的症状是由于多动症，那很可能意味着他的大脑中负责控制和自控的那部分尚未被很好地激活。这意味着他对自己不适当行为的控制能力是有限的（多动症可以由心理医生、心理学家或精神病学家根据综合评价法来做出诊断，诊断参考的数据来自儿童、父母、老师和正式的测试）。不论是什么原因，遭受着感觉障碍的困扰，或者有多动或冲动行为的孩子可能看起来不成熟（心理上和身体上）、要求过分（需要多多注意和监督）、麻烦（执意按自己的方式做事情）、懒惰和动机不明（匆匆完成作业）、自作主张（撒谎、一直做一些禁止做的事情）或者忧郁、爱臆想（易哭、经常抱怨自己受到别人的伤害）。

在艾勒的生活中，他喜欢撒谎和编造故事，这是一种疏远其他孩子，并让大人困惑的行为。他急切地想要融入到同龄人中去，但是他为什么还一直说一些不真实的事情呢？艾勒说谎是他冲动的结果；任何想法或者主意一在他脑海中闪现，他马上就会把它说出来。我们大部分人都会偶尔有一些不切实际的想法和主意,但是我们有仔细思考和判断这些想法的能力。尤其是当我们不想伤害别人的感情的时候,我们会去改变这些想法和主意。然而,艾勒并没有这样的能力。

艾勒还总是非常希望事情以某种方式发生。但是他等不及事情的发生,或者他无法让这些事情发生,那么他就会立刻认为自己的愿望都已经实现了。例如,最近学校里有一些孩子在谈论枪是如何如何的酷,艾勒插嘴说他的爸爸就是靠制造枪支为生的。当然,这与事实相差甚远,实际上,他的爸爸是一名会计。但是艾勒还是一直在谈论他爸爸的枪支制造生意。他急切地想被同龄人接受,因此他在当时是真的认为他爸爸就是制造枪支的。几分钟过后,大人询问他,他记得说过他的爸爸是制造枪的,但是他不知道为什么他会这样说。在其他的类似场合,他可能甚至不记得他说过(因此他好像又在撒谎)的话。

如你所见,对于父母,甚至孩子来说,区分有意的说谎和冲动性的编造故事(正如艾勒那样)是很困难的。那么,你如何来区分它们呢?如果你的孩子像艾勒那样,他在事后往往会感到非常内疚和后悔。这并不是他喜欢和想要做的事情,但他就是这样做了。

现在你可以帮助你的孩子辨别那些让他处于社交弱势的行为了。具有感觉障碍或多动、冲动行为的孩子可能会变成社交弱势,这是由于他们的以下行为:

- 冒犯别人的个人空间(不能手脚安分)
- 插嘴或者突然说话(不能等待)
- 做傻事
- 行为怪异(制造噪音、打嗝、挖鼻子)

- 说谎或者编造故事
- 哭泣或者易沮丧
- 需要成为众人眼里的焦点
- 以极其令人恼怒和大声的方式做事情
- 对事物非常挑剔，比如食品和衣服
- 害怕大声的或者明亮的刺激，比如火警演习和明亮的灯
- 频繁摔倒或者撞到东西

现在，我们将要讨论第三类社交弱势。这次不是关于社交提示的迷失或者多动和冲动的问题，而是探讨你的孩子为何会注意力不集中，做事没条理。

分心，注意力不集中

让我们来想象一下有注意力问题的孩子的一个场景，你全家花了几个小时准备周末去旅行。你已经列好了物品清单，仔细地把需要的东西都打了包，你甚至还把所有的东西都重新检查了一遍，一切准备就绪。现在，你的车钥匙呢？我们都知道此刻找不到车钥匙多么令人沮丧，尤其是已经花了这么多的心思，计划了这么久。但是，如果你没有列清单那会怎样？当你的一个朋友打电话过来的时候，你分心了，你甚至忘记了你今天即将要去旅行。你的爱人或者伙伴会怎么说？

这些孩子很容易分心、遗忘，还经常丢东西、很少注意相关细节。因此，他们和家人、同龄人还有同学之间的关系会变得相当紧张。现在，让我们来认识特蕾西和她的父母。

特蕾西的故事

特蕾西是一个文静的九岁小女孩,她非常热情和机敏。她还是一个有天赋的运动员,加入了垒球队、篮球队和体操队。除此之外,她什么也不关心。她的妈妈说,特蕾西要是能把这些活动的一半精力放到学习上就好了。特蕾西很难集中精力做作业,并且做事没有条理。她经常忘记把书从学校带回家,回家后把作业乱放,有时候甚至不记得下次考试是什么时候。让她独立地做任何事情,比如家庭作业或者家务活,都是一件大难事。

当她最终坐下来做作业的时候,她每五分钟就要休息一次,可她能够不间断地看电视或者打游戏达几个小时之久。特蕾西能够非常专注于她喜欢的活动,而听不到别人叫她的名字。有时候妈妈甚至怀疑是不是特蕾西的听觉有问题,但特蕾西在其他时候听觉很好,比如,当她的父母在另一个房间讨论与她无关的私人事情的时候。妈妈禁不住认为女儿的行为是故意的。

特蕾西三年级的老师描述她是一个非常聪明和有才华的女生,但是令她担心的是,特蕾西并不是很重视功课。比如,特蕾西会犯一些粗心的错误,也会寻找学习的捷径,还经常不完成作业。此外,特蕾西经常找不到上课需要的材料,这是因为她的课桌上总是乱七八糟的。

特蕾西在上课的时候很容易分心,尤其是当其他的孩子发出噪音或者做小动作的时候。她总是表现出很生气的样子,还气愤地冲他们做鬼脸。当老师在课堂上布置作业的时候,老师说特蕾西需要

"更认真地听"才行。有时候需要跟她说三到四遍,她才能明白布置的作业。她还忘记在笔记本上记下她的作业,而她的笔记本上满是想象力丰富的涂鸦。特蕾西经常看起来很困惑、沮丧,还低着头,但是她仍然不愿意向别人寻求帮助。

特蕾西的父亲兼垒球教练担心他的女儿会对运动失去兴趣,他发现特蕾西不再"全身心地"打球了。她以前非常注意队友的进步,但现在看起来她似乎对这个运动失去了兴趣。她在比赛的时候都不知道比赛的比分,当轮到她打的时候,她总是很惊讶的样子。最近,当她连一个很容易的外场滚地球都没有抓住的时候,特蕾西的队友开始对她很失望。当她意识到球在什么位置的时候,对方已经得分,赢得了比赛。

特蕾西似乎很难和她的同龄人和睦相处。当她的父母问她在交往中遇到什么困难的时候,她说她不知道该跟别的孩子说些什么。父母担心女儿变得越来越退缩,他们担心除了害羞和安静的性格外,还有其他的原因导致了特蕾西这种退缩的行为。

为什么会这样

如果你的孩子像特蕾西一样,你可能最担心的是他注意力不集中的问题。特蕾西注意力不集中的例子包括以下几个方面:

- 健忘
- 丢东西
- 学习期间频繁休息
- 由于粗心而错

- 不注意细节
- 无法完成作业
- 走捷径
- 无条理（课桌、背包、卧室）
- 分心
- 很难听从要求
- 不认真听

注意力不集中会影响到孩子的家庭生活、学习或社交功能。基于包括孩子、父母、老师在内的综合性评价，具有频繁的注意力不集中的症状的孩子可能会被心理医生、精神病医生或神经病学家诊断为多动症。然而，父母通常很难接受他们的孩子患有多动症这个事实。毕竟，特蕾西玩视频游戏的时候很专心，怎么可能在学习的时候无法一次集中注意力五到十分钟呢？患有多动症的儿童可以集中注意力，尤其是当眼前的任务是令人兴奋的、具有刺激性的。实际上，研究表明，患有多动症的孩子和正常的孩子一样在活动中能集中注意力，比如，看电视或者玩视频游戏。然而，注意力不集中会在一些乏味、单调的任务中表现出来，比如做作业。因此，患有多动症的孩子是很难把他们的注意力"维持"在一些对他们来说不是很刺激的活动上。

因此，不是特蕾西懒惰、没有动力或者不负责任，而是她被一种无法集中注意力的障碍困扰着，这又同时影响着她生活的很多方面，包括她的时间感。患有多动症的孩子生活在"这里"和"现在"。对于特蕾西来说，五分钟和五小时一样令人难以想象。因此，当妈妈告诉特蕾西五分钟后去吃饭的时候，特蕾西不可能立刻停止她在进行的活动，去餐厅吃饭。相反，她很可能是听到了要求，但是没有真正理解或者没有对之做出反应。

因为特蕾西的时间感很差,她还很难接受别人对她的要求说"不"。当父母说"不"的时候,他们指的仅仅是"现在不行",可能明天就"可以"了。但是像特蕾西这样的孩子完全就是生活在"现在"的,他们无法想象明天的任何事情。对他们来说,"现在不"就意味着"永远都不"。因此我们不难理解,当特蕾西被告之不能得到她所想要的东西的时候,她为什么会情绪低落。在公共场合这样做并不会受到同龄人、老师或者教练的喜爱。

很多有注意力集中问题的孩子在社交方面也可能存在问题,因为他们往往会打断别人的谈话。这里所说的并不是冲动。相反,这些孩子插嘴是因为他们害怕忘记他们想要说的。因为他们完全生活在"现在",他们知道当这段时间过去,他们的想法就会不存在了。如果他们起初就没有注意他们身边的人和物的时候,这更有可能发生。这就是很多孩子会丢东西、忘记作业和考试的原因。

据称,患有多动症的孩子在大脑执行功能的技能方面有问题。这些技能包括计划、时间管理、工作记忆、组织和问题的解决。工作记忆就是当我们同时开展不同的工作的时候,我们在脑海中能够保存信息的时间的长度。它还与把过去和现在的经历连接起来的能力有关。像特蕾西这样的孩子可能很快就忘掉了过去不愉快的经历,因此,她不理解为什么她的同龄人不再对她那么友好了。最后,特蕾西不能把她的卧室、书桌和背包打理得很有条理可能是因为她糟糕的组织技能。

当然,不是每个注意力不集中的孩子都患有多动症。多动症经常被误诊,因为其他的问题,如焦虑、学习难题、健康问题、睡眠困难或者抑郁通常也会导致注意力不集中的问题。有时候,看起来像是多动症,其实是中枢听觉处理障碍导致的。

有中枢听觉处理障碍的孩子很难处理和理解声音。这不是现实中的耳聋，而是不能区分相似的响声、词、人声或者声音的位置。对于有中枢听觉处理障碍的孩子来说，听就好像是在设法破译一个带很重口音的人在一个嘈杂的背景下打来的电话的录音。他们很难理解我们所说的话、很难听从我们的要求或者很难理解我们的对话。在嘈杂的背景中尤为如此，比如在学校或者进行体育活动的时候。中枢听觉处理障碍更多的是对声音的处理方面的困难，而不是集中注意力方面的困难。

让我们来进一步看一下特蕾西的行为，看她的哪些行为是可以用中枢听觉处理障碍解释的。例子包括：

- 她看起来好像有"听力方面的问题"
- 噪音很容易让她分心
- 当她的同龄人做小动作的时候，她很恼怒
- 他人觉得她需要"更认真地听"
- 她很难听从和理解要求
- 她看起来很困惑（没有理解）
- 她迅速退出交谈

当眼前的任务不要求主动倾听和背景很安静的时候，那些有中枢听觉处理障碍的孩子是可以维持他们的注意力的。但是他们还可能在拼写、语言或阅读理解方面有困难。

然而，面对复杂的问题，很多孩子（比如特蕾西）的行为既和有多动症的孩子的行为一致，又和有中枢听觉处理障碍的孩子的行为一致。因此，弄清楚他们的问题所在不是一件容易的事情。有注意力不集中问题或听力处理

问题的孩子在成年人的眼中就是懒惰、缺乏动力、不负责任、无条理、无礼、散漫、健忘、过分退缩或者焦虑。

具有注意力不集中问题或听力处理问题的孩子可能会由于下列行为变为社交弱势：

- 犯粗心的错误（作业、运动、项目）
- 看起来困惑
- 不理解要求或者规则
- 生气、烦恼或者过分挑剔
- 看起来不友好
- 易受挫
- 无耐心
- 看起来很粗心
- 爱插嘴
- 爱支配他人

我们要讨论的社交弱势的第四个类型来自社交尴尬和习惯性的顽固。

不灵活的社交行为

想象一下，你开车在一条右车道上，遇到了一个红灯。你记得在这个十字路口以前有个"红灯禁止右转"的标记，但是现在已经被移除了。可你前面的一辆车顶着红灯右转了，但是你仍然认为在这个十字路口红灯时是禁止右转的，所以你等待绿灯。你后面的司机在拼命地按喇叭，但是你仍然保持不动。为了从你前面右转，汽车开始从你左边绕过去。但是你仍然不动，直到交通灯变绿。你后来知道镇上的交通工程师决定移除这个路口"红灯禁止右转"的标记，因为他认为这已经没有必要了。可是你仍然打算以后每次在这里遇到红灯还要避免右转。

上面的情况描绘了一种孩子所经历的场景，这些孩子可能对事实有一种美好的记忆，但是因为思维的僵化，他们很难遵守社会规范。现在我们来向你介绍杰里米和他的父母。

杰里米的故事

杰里米是一个十二岁的有志男孩，但是他比较保守和冷漠。他学习非常用功，立志要成为一名世界闻名的科学家。他的妈妈对他非常担心，她担心的是杰里米一个人花特别多的时间在房间里学习、在电脑上开发网站或者在地下室做《星际迷航》的太空船的模型。杰里米似乎了解有关《星际迷航》的"一切"，在某种程度上，他能够谈论任何有关这部电影的话题，写出相关的文章和完成学校布置的相关的任务。他收集的相关纪念品非常多，以至于在地下室里都没有走路的地方了。

爸爸也说杰里米是他见过的最差劲的后座乘客。杰里米记得美国很多地方的地图、位置和地标，但是他的方向感却很糟糕。然而杰里米不愿意让他的爸爸自己找路。如果爸爸不妥协，不走杰里米指定的路线的话，他就会经常发脾气，踢驾驶座，拼命地喊着一些难听的话甚至乱扔鞋子。

杰里米的顽固并不仅仅表现在开车路线这方面。当杰里米因为功课而沮丧的时候，尤其是写一些抽象作业的时候，他咆哮着拒绝他妈妈的帮助。在学校，杰里米很少犯错误。别人提出意见反馈的时候，他总是礼貌地点点头，但是拒绝做出改正。他坚持认为自己是对的。

杰里米对他的同龄人没有什么兴趣。他的老师们说他喜欢一个人待着。当跟其他人说话的时候，他几乎不抬头看他们。看着别人或者跟别人交谈的时候，他经常叹气或者对着别人翻白眼。杰里米经常被嘲笑，别人骂他是"星迷""呆子""怪人"。

妈妈担心杰里米不整洁的外表影响到他的社交生活。他经常不梳头发，衣服看起来脏兮兮的，他还经常在一个星期内几次穿同一条裤子。不仅如此，他还经常忘记刷牙或者洗澡。妈妈想带他去买一些更时尚一点的衣服，帮助他融入集体，但是杰里米并不在乎。他似乎并不在意别人对他的看法。

妈妈已经注意到了杰里米总是逃避接电话。实际上，当他必须要接电话的时候，在接电话前他会变得很恐慌，双手发抖。如果是一个同学打电话来询问家庭作业的话，杰里米会冷漠地告诉他，并很快挂断电话。

妈妈说杰里米缺少"情感基因"。除了当他情绪爆发的时候，他很少微笑或者表达情感。实际上，非常积极的或者非常令人烦恼的消息往往都无法让他开口。父母都很担心杰里米不知道如何去与人相处。当他真正与人交往的时候，他会对别人说个不停而不是和别人交谈。他似乎并不理解为什么别人不像他那样对《星际迷航》和地理感兴趣，他也不理解为什么他们总是对他很粗鲁。

父母都很担心杰里米根本就不喜欢和同龄人（和家人）在一起。他们觉得他应当和他人相处。他有点幽默感，他的同龄人似乎也喜欢和他在一起。他的同学的确有时候也打电话给他，尽管妈妈鼓励他，杰里米还是很少回电话，也不愿意外出参加社交活动。父母只是想帮助他们的儿子生活在现实世界中，培养一些持久的友谊。

为什么会这样

如果你的孩子像杰里米一样，他可能在痛苦地经历着一些与社交相关的问题，这往往与自闭症方面的障碍有关系。例如，你的孩子可能看起来非常固执己见、死板、不成熟、易激动以及在社交上很笨拙或者沉默寡言，这些行为特点和自闭症障碍之一亚斯伯格综合征非常一致。这是一种神经行为的障碍，患有这种障碍的孩子的智力和认知功能是保持完好的，但是他的社交能力是明显受损的。亚斯伯格综合征可以由心理学家、精神病学家或神经科专家根据综合性评价进行诊断。

杰里米展现了很多亚斯伯格综合征的主要特征，包括有限的社交和情感互动、极端死板、特殊的兴趣（比如《星际迷航》和交通路线）、不讲卫生和重复的动作（手抖）。杰里米还很难理解社交提示和一些社交的常见规则，这两项也都是亚斯伯格综合征的特点。你可能会回想起拉尔夫也有类似的困难，那是由于语用学习方面的问题导致的。考虑到这两种神经行为问题常常会重叠，并且亚斯伯格综合征被更加广泛地研究，因此孩子通常会被误诊为其中一个或者另外一个。但是更复杂的是，还有另外一种被称为非语言学习障碍的情况被确认了。有非语言学习障碍的孩子也会表现出社交缺陷和焦虑，除此之外，还有不正常的肌肉动作和数学学习困难的问题。这些孩子的语言技巧不健全，他们的困难源于视觉运动和感知技巧的缺陷。

当然，不是每一个有社交相关困难的孩子都在经历着亚斯伯格综合征、非语言学习障碍或者语用学习困难。孩子的禀性、焦虑和社交需求很容易产生社交问题。例如，倔强的、性格不随和的孩子通常被认为是顽固和不灵活的。我们经常听到父母、老师、学校的教职人员和教练说："他就是要对着干。"尽管这可能是真的，但是这不仅仅是禀性问题，还可能是社交焦虑或其他的复杂因素（比如亚斯伯格综合征、非语言学习障碍或者语用学习困难）共同作用的结果。

在我们的生活实例中，社交焦虑在某种程度上是很明显的。你会回想起当杰里米打电话的时候，他就会变得焦虑和恐慌。但是如果他不在意别人如何看他的话，那么他为什么会在这些情形中焦虑呢？可能他对他人这种无所谓的态度就是他避免尴尬的社交场景出现的一种方式。因此，社交焦虑在他的社交弱势中起着一定的作用。

最后，为了找出孩子在社交方面困难的原因，我们需要把他们的困难和社交需求联系起来。例如，杰里米和杰西卡（见第二章）都没有强烈的社交需求。然而，尽管杰西卡期望更多的时间独处，但她适应能力好，更受欢迎。因此，杰里米的社交困难并不仅仅是因为他更喜欢独处而导致的。

因为上述因素，孩子可能会通过以下任何行为而表现出社交弱势：

- 眼神交流不足
- 沉默寡言、喜怒无常或者易怒
- 看起来很生气、恼怒或者不友好
- 以一种优越感的态度对待别人
- 死板、不灵活
- 易受挫
- 看起来幼稚

- 外表不整洁
- 做出古怪的行为或者肌肉动作
- 注意力集中于一些不寻常的兴趣
- 行为恼人和粗鲁
- 缺少朋友

社交弱势的三重威胁

如你所见，有很多原因会导致孩子的社交弱势。首先是孩子的禀性，无论他是倔强的、很难相处的，还是热身缓慢的、被动的。第二个原因是你孩子对焦虑的敏感程度。随着孩子社交焦虑的增加，他会更加觉得无法自控。第三个原因是神经方面的构造，这能够导致他的内心世界变得越来越困惑、混乱和无法控制。因此，他的社交焦虑、社交退缩和天生的喜怒无常的禀性会变得更加明显（比如，他可能会变得越来越叛逆和沉默寡言）。不管他们的社交弱势是什么类型，因为这三个原因，本书中描述的孩子都会经历焦虑、退缩、生气或者疲惫。

我们的重点不在于诊断这些障碍。这些障碍都有相同的行为表现，但是却有着完全不同的根源，于是变得非常复杂(还需要综合性的评价)。我们的重点在于帮助你识别可能会导致你的孩子社交弱势的典型行为。请花几分钟时间完成我们的社交弱势检查表。你可以使用我们的检查表来识别和检测你孩子的一些可疑的行为。在第七章和第八章，你还会再次使用这个检查表来帮助你选择特定的治疗策略，让你的孩子摆脱问题的困扰，走向社交达人之路。

检查表：社交弱势

请核对下列所有项目中属于你的孩子（儿童或青少年）的行为特征。

1. 个性
    - ☐ 严肃
    - ☐ 以自我为中心
    - ☐ 倔强
    - ☐ 被动
    - ☐ 要求过分
    - ☐ 冷漠
    - ☐ 对食物、衣服等特别挑剔
    - ☐ 死板、不灵活
    - ☐ 爱指挥人、有控制欲
    - ☐ 缺乏同情心
    - ☐ 过于敏感

2. 态度
    - ☐ 对自己的知识很自负
    - ☐ 无礼
    - ☐ 有优越感
    - ☐ 好生气的、对他人有敌意
    - ☐ 不负责任
    - ☐ 消极的

☐ 被宠坏的、不识抬举的

3. 社交意识

☐ 忽视社交提示

☐ 很难理解一些行为的后果

☐ 很难理解幽默或者嘲笑

☐ 行为幼稚

☐ 很难接受别人的观点

☐ 对自己的外表毫不在意

4. 活动程度

☐ 总忙个不停

☐ 坐立不安

☐ 有抽筋的动作

☐ 易疲劳

☐ 话说个不停

☐ 不能安静地玩耍

5. 冲动的行为

☐ 手动个不停

☐ 没有耐心

☐ 打断别人的谈话

☐ 想法脱口而出

☐ 侵犯别人的个人空间

6. 注意力范围

☐ 容易分心

☐ 很难维持注意力

- ☐ 对偏爱的活动注意力高度集中
- ☐ 很难认真聆听
- ☐ 很难遵循要求
- ☐ 健忘

7. 工作习惯
   - ☐ 懒惰或者缺乏动机
   - ☐ 很少主动做事
   - ☐ 做事无条理
   - ☐ 匆忙完成任务
   - ☐ 经常不能完成任务
   - ☐ 不注意细节
   - ☐ 不具有合作精神

8. 自控
   - ☐ 易受挫
   - ☐ 爆发性的情感发作
   - ☐ 对别人总是具有侵略性
   - ☐ 经常哭
   - ☐ 反应迟钝
   - ☐ 不可预知的

9. 社交上不受欢迎的行为
   - ☐ 撒谎
   - ☐ 指责别人撒谎
   - ☐ 不愿分享
   - ☐ 干傻事

- ☐ 粗鲁
- ☐ 好指使别人
- ☐ 骂人
- ☐ 吸引别人的注意力
- ☐ 坏习惯（挖鼻子、吮手指）
- ☐ 缺乏眼神交流
- ☐ 固执
- ☐ 行为或动作古怪
- ☐ 笨拙的

概述

在这一章，你学会了如何识别和理解社交弱势的主要类型。我们生活事例中的每一个孩子除了经受着社交焦虑和社交退缩，他们还饱受着一些潜在的神经方面问题的折磨，这些问题会使他们错过（或者误解）一些社交提示、出现活动过度或者冲动的行为、容易分心或者变得习惯性的顽固。在第四章，我们会讨论各种类型的社交弱势和特定的恃强凌弱的行为之间的关系。我们会帮助你理解嘲笑和恃强凌弱之间的区别以及你的孩子被忽视和被排斥的危险。

第四章

如何理解恃强凌弱行为

本章目标

在本章中,你将学会:

■ 识别恃强凌弱的主要类别

■ 理解为什么社交弱势的儿童通常因为被欺负而受到责备

■ 你能够识别出孩子被欺负的情形

第四章

如何建構資本預算行為

这是一个让人无法忍受的世界

恃强凌弱通常被看作是成长过程中的一个正常部分，有些人甚至认为校园霸凌是进入青年期的必经之路。然而，霸凌绝不是正常或者必须的。相反，对于每一个受到霸凌的人来说，这些经历都是有害的。

大量的调查表明有接近600万的美国学龄儿童经常遭受某种形式的霸凌。同样令人沮丧的是，每天有160万名学生因为受到霸凌而无法上课，10%的学龄儿童每周都会受到霸凌的侵害，77%的青少年在小学或者中学的某个阶段遭受过欺凌，93%的学龄儿童目睹过霸凌的行为。

就霸凌的行为对相关人员的短期和长期影响而言，这些数据是非常令人担忧的。例如，长期受到欺凌的受害者更加可能会遭受一系列的社交、情感和学习方面的困扰，包括如下内容：

- 焦虑、担忧和躯体不适
- 难过、不爱交际、沮丧、有自杀念头或者试图自杀
- 注意力集中困难、功课不好或者拒绝上学
- 生气、怨恨或者有爆发性的情感发作
- 身体上的伤害
- 困惑、不安全感和自卑

长期的研究表明上述的很多问题会持续到青年时期，尤其是焦虑、沮丧和自卑。

人们发现霸凌还与他们后来出现的问题有很大的关系。例如，当一些霸凌的攻击行为没有成年人干预的时候，破坏行为、入店行窃、玩忽职守和滥用药物就很可能在他们年龄大一些的时候出现。实际上，一项长期的研究表明，40%的学龄期存在霸凌行为的人在24岁的时候因至少三项刑事犯罪被判刑。

对霸凌的行为是不能掉以轻心的。它可能很早就会出现，但如果任其发展，就会对青少年有毁灭性的影响。我们很多人都曾经受到过欺凌。当然，霸凌并不局限于校园里，也未必在成年期就会消失。霸凌还会在工作中、家庭中出现，它可能会以隐晦的否定评价或者负面行为的形式表现出来。霸凌行为会减弱我们的自我价值。当我们想到或者与那些霸凌的人交往的时候，我们就会感到不舒服或者恐惧。然而，问题是大部分人对于什么是霸凌都有自己的看法（通常是不准确的）。下面我们来看一下不同形式的霸凌。但是，首先我们先看一下这种行为，它有时候被认为是霸凌，但是通常也可能是与它截然相反的，那就是取笑。

取笑

对于父母和孩子来说，能够认清霸凌和取笑之间的区别是非常重要的。有几个特征可以区分这两者。取笑通常涉及两个具有同等能力的人。这意味着双方在体形、力量和同伴的受欢迎程度上是相似的。除此之外，取笑通常是偶然才发生的，没有伤害别人的意图，并且还在友谊的范畴之内。如果一个孩子说"我只是逗你玩的"或者"刚才只是意外"，但是这个孩子并不是被取笑的孩子的朋友，那么她的意图通常是恶意的，她的行为也可能被认定为是霸凌。

对于社交弱势的孩子来说，取笑和霸凌之间的区别很容易变得模糊。孩子对情境的理解在这里发挥着重要的作用。例如，一个孩子如果无法区分开玩笑似的取笑和霸凌，那么她可能会认为（或者误认为）任何随口说出的话都含有恶意。如果她已经对他们之间的交往感到不开心，并且其他的孩子还在继续"取笑"她，那么他们的意图已经不再是无辜的了。

霸凌

霸凌和取笑在很多方面很容易区分，包括发生的频率。在大部分情况下，霸凌会频繁发生，有时候是不间断地并且有以某种方式伤害受害者的意图。取笑仅仅是偶尔发生并且是在一个积极的背景或者环境中发生的。

进一步说，和取笑不同的是，霸凌涉及的是能力明显不均衡的两者。霸凌可以仅仅发生在两个孩子之间（欺凌者和受害人），但是它更有可能会是几个孩子对一个。大部分孩子可以和某个兄弟姐妹或者另外一个同龄人一起来解决发生的争执。但是，我们无法期望一个孩子来应付一群孩子（或者在很多情况下，是整个班级的学生）。丹·欧维斯和他的同事们描述了"霸凌团伙"作为一种集体现象是如何怂恿、维持和加强霸凌行为的。

通常情况下，是一个或者两个孩子（欺凌者）寻找、确定和欺负一个更弱、更不受欢迎的受害者。可是与你的想象相反的是，霸凌的人通常不是不受欢迎的，他们可能还有两到三个朋友以主动的方式（追随者）和被动的方式（支持者）给霸凌行为火上浇油。追随者，通常被称为"狗腿子"，负责实施欺凌者的恶意意图，他们不单独欺凌弱小。因此，欺凌者和追随者在孤立的情况下都只有有限的能力，并且需要相互依存来获得霸凌团伙的力量。因此，削弱他们之间的联系有利于缓和同龄人之间的问题。支持者通常是更大的一群孩子，他们可能以一种不太明显的方式鼓励着霸凌行为。这些孩子通常不是那么受欢迎，他们看到霸凌行为时只会呵呵地傻笑，并且背地里享受着同龄人被折磨的乐趣。总的来说，这样的群体致使受害者认为很多孩子在欺负她。

在这个"霸凌团伙"之外是旁观者和受害者的保护人。旁观者可能对霸凌行为反感，但是他们选择不卷入到事件中去，因为他们害怕也受到欺负，或者害怕让事情变得更糟糕，也可能仅仅因为他们不知道该怎么办。艾勒的朋友乔意识到了艾勒被欺负，但是他害怕自己也成为受害者，所以他说："在学校我不能和你讲话，在公共汽车上我也不能和你坐在一起。"然而，乔很乐意放学后和他约个时间一起玩。

在霸凌的过程中，主动和被动两方都在怂恿和放任霸凌行为。任其发展就会创造一个充满霸凌的社会氛围，在这个氛围中，霸凌会被认为是很正常的。尽管保护人的人数很少或者根本就不存在，但是他们在削弱"霸凌团伙"方面可以发挥非常强大的作用。欺凌者经常对那些社交弱势、"没有朋友"的孩子下手，这些孩子通常是不能报复他们的。如果有一个好朋友，尤其是一个能为她挺身而出的朋友，不仅能够减少她被欺负的可能性，还可以减少这种行为对她产生的负面影响。因为这个原因，如果你的孩子很容易被欺负，那么教会她一些必要的建立互惠友谊的技巧是至关重要的。

同伴之间的友谊也有利于减少霸凌的行为，因为这些行为经常发生在成年人的视线范围之外，而成年人可能认为霸凌只涉及一些肢体动作，比如，打人或者踢人。而实际上，霸凌通常是通过口头威胁来恐吓受害者，让他们感到无助和无能为力。他们使用的是心理战术，例如忽视他们，把他们从同龄群体活动中排除出去、传播有害谣言或者用各种方式辱骂他们等，这不仅在心理方面更加有害，而且对于老师和学校教职人员来说更难以发现。下面我们将探讨霸凌行为所传达出来的信息和这些行为的不同类别。

"你太软弱了"

"我比你强壮"和"我能伤害你"是肢体欺凌者向受害者传达的一些信息。肢体欺凌通常是以直接身体接触的形式发生的，例如，打人、吐口水、弹橡皮筋或者破坏私人物品，比如学习用品、衣服或者午餐用具。肢体欺凌在男孩子当中更为典型，并且容易使受害者产生害怕、焦虑和恐惧的心理。大部分采取这些策略的欺凌者都这么做，以达到威胁或者恐吓的目的，而实际上他们不想造成肢体的伤害。被威胁身体攻击（"我要把你扔到储物柜上"，还推推搡搡地或者撞击对方）会导致受害者认为学校和其他环境是不安全的，具有不可预知的危险。其实，欺凌者很少愿意造成真正的肢体伤害。当然，这些情况对于欺凌者和受害者来说都是非常不利的，因为如果欺凌者在小时候就采取身体攻击的话，那么他很可能一生中都在做一些反社会的行为。

‖ 肢体欺凌

艾勒很明显是一个肢体欺凌的受害者。他的同龄人对他采取了下列行为：

- 午饭的时候往他的托盘里倒餐余垃圾
- 在他的座位上放番茄酱来弄脏他的衣服
- 撕烂他的家庭作业
- 偷他的学习用品

- 在体育馆试图伤害他
- 在校车上用橡皮筋弹他
- 敲诈他的午饭钱
- 在学校走廊里推他,并且在课桌底下踢他

"你真没用"

"你又笨又丑,你很失败",这就是口头欺凌者向受害者所传达的基本信息。在某种程度上,口头欺凌比肢体欺凌更严重,因为口头欺凌是在攻击个人的品格。当然,棍棒可以伤到我们的骨头,但是辱骂绝不是无害的,尤其是对于非常敏感或者社交弱势的孩子来说。

口头欺凌在情感方面极具破坏性。如果发生得太频繁,孩子极有可能会相信这些伤人的信息。口头欺凌与焦虑、沮丧、孤独、自卑和拒绝上学的行为密切相关,它还是霸凌最常见的形式。这并不令人吃惊,因为对于成年人来说这是很难发现的:它只是欺凌者对不是很受欢迎的受害者所说的话。那么成年人该相信谁呢?通常受害者和旁观者都不会去报告霸凌的行为。受害者可能害怕被看作是搬弄是非者,或者担心成年人的介入会让事情变得更糟糕;而旁观者可能害怕报告霸凌行为所带来的后果,也就是害怕自己也成为受害者。因此,口头欺凌一直在持续,通过直接或者间接的行为逐渐侵蚀受害人的自我价值。

直接的口头欺凌(实际交往)可能发生在面对面的时候,也可能通过电话,甚至网络出现。有时候这种骚扰仅局限于某一特定属性,例如,孩子的智力("笨蛋")、运动能力("笨手笨脚")或者外貌("丑陋")。尽管这些辱骂在情感方面的确是有害的,但是如果她在其他方面有成就感的话,总的来说孩子的自我价值是可以被保护的。有些时候,骚扰是关于孩子的整个性格或者个性,

带有总体性的辱骂，例如"失败者"。这对于孩子来说很难去处理，因为他被当成了成年人受攻击。

间接的口头欺凌是以传播关于受害人的恶意谣言的形式发生的。众所周知，为了传播开来，谣言是不需要真实的。一旦谣言开始传播，就像疾病一样，危害就产生了。负面声誉就会接踵而来。

间接欺凌通常就是霸凌行为变成一个群体行为的过程。欺凌者不仅依赖她的追随者的支持，更重要的是还依赖于受害者无法保护自己这一特点。因为口头欺凌是霸凌行为中最常见的类型，所以我们书中提到的每个社交弱势的孩子都在一定程度上经历过口头欺凌，这并不奇怪。

‖ 口头欺凌

艾勒和杰里米都是口头欺凌的直接受害者，主要因为他们的表现都比较突出。艾勒过度的活动和冲动的行为比较吸引别人的注意力，杰里米不寻常的兴趣、行为和不整洁的外表让别人很难不注意他。艾勒发现别人叫他"傻瓜""弱智""失败者""同性恋""笨蛋"。杰里米则被称为"星迷""怪人""怪物"。

我们生活事例中所有的社交弱势的孩子都在经历间接形式的口头欺凌。同龄人说艾勒"有虱子"，"爱搬弄是非"，是"骗子"，"喜欢偷东西"，是"爱哭鬼"，还"没有朋友"。欺凌者说拉尔夫"从不说对不起""令人扫兴"，做事"太认真"，并且"老是生气"。特蕾西被称为"健忘""怪怪"，还"沉浸在自己的世界里"。杰里米被标记为"怪异""臭"，还有"神经病"。

"没人喜欢你"

"你没有朋友"和"离我们远点"是关系欺凌者向受害者传达的信息。这些信息是最伤人的，可以摧毁任何一个孩子的自我价值感。当然，没有人能够和每个人都相处得很好，这每个人都知道。但是感觉没有人需要我们，感觉我们不能归属于任何地方就会让人极度痛苦。关系欺凌的目的就是去抵制、排斥和最大限度地孤立受害者，让她感到无助和弱势。关系欺凌可以很容易地破坏受害者的友谊。欺凌者会弄臭另一个孩子的名声（"别和她一起玩—— 她很古怪"）、抢她的朋友、阻止中立的旁观者参与进来、让潜在的保护者很难保护受害者、和其他人合谋让受害者陷入麻烦，这都是极有可能发生的。关系欺凌在女孩中比在男孩中更为典型。

社交弱势的孩子尤其对关系欺凌更为敏感。因为她急切地想成为集体中的一员，还总是无法说出她的朋友是谁，她可能会误认为一些中立的或者多变的同龄人的行为是向她伸出友谊之手。因此，她可能会反复地成为别人利用的牺牲品（"我不和你交朋友，除非……"）而不明白其中的原因。诡计多端的欺凌者也可能会假装成为她的朋友，而这仅仅是为了戏弄她。关系欺凌通常非常的不明显，不易察觉。它通常和同龄人的排斥、焦虑、沮丧、孤独和发泄行为有关系。和口头欺凌一样，关系方面的侵害在我们每一个生活事例中都很明显。

‖ 关系欺凌

除了肢体欺凌和口头欺凌以外，艾勒还是关系欺凌的受害者。艾勒的同龄人平时对他的行为如下：

- 在体育锻炼的时候最后一个选他

- 午饭的时候不让他坐在大家的桌子旁（强迫他一个人坐）
- 在休息的时候不让他和大家一起做游戏
- 指责他偷东西、作弊和骂人，试图让他陷入麻烦之中
- 散布恶意谣言，说他是同性恋、弱智，还喜欢挖鼻子
- 当被迫在活动中和他搭档的时候，在课堂上大声抱怨
- 做一些敌对的手势（在喉咙下面横拉一个手指来表示"你死定了"，或者做一个拇指向下的手势）从而阻止其他的孩子和他讲话
- 把他排除在生日聚会和一些社交活动之外（这样他经常是班级里唯——个没有被邀请的人）

  特蕾西在关系方面受到的侵害更加难以觉察。她的同伴不是在主动排斥她，而是他们已经不再特地去邀请她参加约定好的活动、聚会和在外过夜的晚会。因为特蕾西很安静并且很少积极主动参加，所以她开始感觉自己被遗忘了。特蕾西的同伴们在很多方面不喜欢她，比如她对体育的热爱、缺少社交方面的技巧，而且健忘。因为他们感到不舒服，所以他们在她背后称她为"怪人特蕾西"。

  拉尔夫的经历有些不同：他感到他好像正在被同龄人排斥，但是让他不理解的是，他的同伴们不和他一起做游戏，是因为他过于吹毛求疵。因此，他学会了先退缩来保护自己。

  杰里米既受到当面的侵害又受到背后的侵害。但是杰里米对同伴的满不在乎有助于保护他自己，因为他不在乎别人说什么或者在想什么。

  如果你的孩子像艾勒、特蕾西或者拉尔夫一样也非常敏感，那么你可以到第七章和第八章里去寻找帮助她接受和控制敏感的方法，以达到有效减少同龄人侵害的目的。

受害者的角色

教育工作者和学校教职人员通常认为社交弱势儿童是"不成熟"或者"不适应社会的人"。你可能已经被告知,如果你的孩子能够"不再吸引别人的注意""对自己的行为能够承担责任"或者"学会自控"的话,霸凌就会消失。那么这些看法是从哪里来的呢?

一些社交弱势的儿童会表现出许多惹怒他人的行为,比如,非常令人讨厌的、引起混乱的或者不合时宜的行为;情绪化、焦虑或者好斗;活跃、冲动或者焦躁不安。这些儿童很可能会成为挑衅性欺凌的受害者,他们通常都不受欢迎。因为他们那些不讨人喜欢的行为,所以他们被欺负几乎是默认许可的,或者甚至是应得的。这就是为什么很少有教育工作者、学校教职人员和同龄人去保护这些孩子。

艾勒被认为是一个挑衅性欺凌的受害者。因为他的过度活动和冲动的行为,连他的父母都发现他要求过于苛刻并且经常对他失去耐心。尽管挑衅性欺凌的受害者可能是由于自己的原因才会受到欺负,但是这绝不能成为他们受到欺负的理由。这并不是孩子他们自己的错。如果她可以更好地自控的话,她会那样去做的。没有哪一个孩子会故意去疏远同龄人。记住,霸凌就是能力的不均衡分配。欺凌者有盟友,而遭受挑衅性欺凌的受害者通常是社交弱势的、是没有盟友的。正因为如此,孩子需要的是更多的支持,而不是少得可怜的支持。

另一方面,被动受害者基本不会去挑衅招致欺凌。她的焦虑、不安全感、不张扬、社交退缩、沮丧、顺从的个性、害怕陷入麻烦的倾向让她成为了易受攻击的目标。此外，因为这些倾向，教育工作者和学校教职人员经常发现不了欺凌被动受害者的行为。

被动受害者最有可能受到口头欺凌或关系欺凌。这两种欺凌都很难被发现，尤其是在被狡猾的欺凌者欺负的时候。因为欺凌者很少对自己的行为负责，所以处于被动地位的受害者会因为被欺负而受到间接批评。如果她说出真相，没有人相信她。如果她反应过度，就会陷入麻烦之中。因此她学会了向欺凌者的要求屈服，这不仅使霸凌得以继续，还导致她憎恨学校教职人员并且不再信任他们会帮助她。就因为上述复杂而混乱的关系，即使当霸凌的行为发生的时候，社交弱势的儿童也不太可能去寻求帮助。

例如，尽管艾勒是挑衅欺凌的受害者，但是他虚构出来的事情和版本经常变化，这使得老师和学校教职人员不再相信他，对他的抱怨不再放在心上。他们把他撒谎视作品行不佳的表现，而不是神经性障碍的产物。

在社交方面狡猾的欺凌者还利用艾勒对触摸的过分敏感，宣称故意的肢体争执只是意外。他的老师偶尔看到欺凌者对他的挑衅，但是从没错过他对意外的（比如，另一个孩子在走廊里撞到了他）和故意的肢体行为的"反应过度"，这对他是非常不利的。在他们的眼中，每种情况都只不过是艾勒吸引注意力的一个例子，并不需要老师的介入。

因为经常对情形产生错误的理解，所以拉尔夫很难得到别人的帮助。他实在的和刻板的思考方式使他难以明白别的孩子的意图。他认为一切都是针对他的。他很容易生气，还拒绝为自己的行为承担责任。所以他的老师都乐于接受更受欢迎的、狡猾的同龄人的报告，这是可以理解的。

另一方面，杰里米也是口头欺凌和关系欺凌的受害者。然而，杰里米对别人的看法并不感兴趣。所以，杰里米可能不像艾勒和拉尔夫一样处于社交弱势，但是如果他的社交技能不提高的话，他的未来也是非常危险的。特蕾西也有焦虑、孤独、社交退缩和沮丧的危险。然而，和艾勒、拉尔夫喜欢制造噪音来让自己"被注意"不同，特蕾西安静和孤僻的行为给别人的是一个一切正常的假象。

因此，受到被动和挑衅欺凌的孩子都无法在霸凌中获胜。学校是不会介入的，除非有压倒性的或者无争议的证据证明霸凌的存在。考虑到霸凌行为的定义和监测问题以及指责受害者的倾向，确凿的证据是很难出现的。正因为这个原因，现在是我们开始更加重视欺凌者的特征和她在欺凌过程中的角色的时候了。

关于欺凌者

正如以前我们所提到的，大部分欺凌者既不是不受欢迎的，也不是自卑的。研究表明，欺凌者对操控、权力和统治地位比他们的受害者有更高的需求。欺凌者也更可能表现出恼怒、敌意或者冲动的行为，并且对他们的受害者缺少关爱和同情。

男孩欺凌者很可能是肢体强壮的，并且对相对较弱的受害者具有侵略性，他们往往对自己的侵略行为感觉很好，把它当做是实现目标、取得地位和威望的手段。另一方面，女孩欺凌者很可能喜欢成为别人关注的焦点，使用间接的关系欺凌策略来排斥、孤立那些不擅长社交的受害者。

如果不考虑性别的话，欺凌者最惊人的特征可能就是一种藐视的态度。芭芭拉·柯洛罗梭（Barbara Coloroso）在她的书《欺凌者、被欺者和旁观者》（*The Bully, the Bullied, and the Bystander*) 中说藐视就是对他人完全忽视，并且认为他们没有价值。她说藐视和"特权感、对待不同观点的不宽容和排斥别人的权力"有很大的关系。特权感就是欺凌者的一种感觉，她认为她有侵略和辱骂受害者的权力。对差异无法容忍的人通常认为有差别的就不是好东西。社交弱势的儿童，尤其是挑衅欺凌的受害者，经常比较突出，被认为是与众不同。例如，艾勒就被他的同学反复以讽刺、恶意的方式称作"与众不同"。当然，当欺凌者认为另一个儿童不同的时候，她就会认为受害者没有任何价值，由于这负面的评价，她就会主动孤立和排斥这些弱势的受害者。

家庭问题

既然我们已经讨论了欺凌者和受害者不同的角色，以及不同类别的霸凌行为，你现在可能在想，一个孩子是如何养成这种藐视的态度，并且变成欺凌者的呢？的确，态度决定一切。社交弱势的儿童和欺凌者都可能有消极的态度。社交弱势的儿童的消极性反映了她自己的挣扎、挫折和同龄人的侵害。因此，她在经历着焦虑、沮丧、社交退缩或者以上三者皆有。另一方面，假如欺凌者既不是不受欢迎的，也不是自卑的，那么她的消极态度很可能反映的是她的家庭环境的真实情感。这种情感通常以对他人愤怒、敌对和冷嘲热讽的形式表达出来。迁怒他人在这样的家庭内外都很普遍。因此，家庭环境是儿童藐视滋生的温床，这一点也不奇怪。

艾勒最近在学校交了一个朋友，但是他很震惊地发现那个孩子的妈妈拒绝他和艾勒玩。她告诉她的儿子："离那个讨厌的孩子远点，他只会给你带来麻烦。"那个母亲根本没有见过艾勒，尽管如此，她已经对他产生了藐视，并且她正在试图传递给她的儿子。

除了藐视之外，好斗孩子的家庭经常会有更激烈的冲突和暴力行为。这些家庭中的父母和子女之间的关系以过分控制为特征，还使用严厉的惩罚措施（身体上的或精神上的）。孩子通过父母这个榜样学到了：侵略行为和藐视他人的行为是控制人们和达到目的最有效的方法。

　　一定要牢记：仅仅家庭冲突并不会预示着孩子会出现霸凌的行为。相反，家庭冲突频繁和缺乏父母支持的结合更容易产生霸凌的行为。好斗孩子的家庭通常都缺乏温暖、共鸣和指导。

　　当然，不是每一个有消极态度、家庭冲突和缺少支持的儿童都会变成欺凌者。它还取决于儿童的禀性。例如，一个高强度禀性的孩子比一个低调的、被动的孩子更可能会具体化（表现出）她的家庭环境的恶劣情况。当然，即使当所有的变成欺凌者的因素都成熟了，和家人之间深情的、稳定的关系也可以极大地降低孩子参与反社会行为的危险。

　　如你所见，霸凌行为的形成涉及很多因素之间复杂的相互作用。了解霸凌是一方面，保护你的孩子是另一方面，当然后者是更重要的一方面。

报告和阻止霸凌的现实

　　受欺负的儿童通常因为很多原因不愿意向成年人报告他们的担忧。例如，杰里米不告诉别人是因为他对同伴冷漠。特蕾西很想融入大家，但是不知道如何寻求帮助，所以变得更加沉默寡言。拉尔夫和艾勒尝试了很多次想要告诉成年人，但是教育工作者和学校教职人员不但不认真对待，不把他们的问题放在心上，还继续责备他们。拉尔夫为了避免被拒绝而选择了退却，艾勒因为害怕陷入麻烦和被认为是搬弄是非的人也选择了退却。很显然，霸凌报告的缺乏并不意味霸凌并没发生。

　　即使当教育工作者和学校教职人员确实试图介入，但他们的努力通常是无效的，而且还会导致更多霸凌现象的出现。作为第一步，教育工作者和学校教职人员可以尝试品德教育和同伴调解的办法。品德教育有时不起作用，因为手段狡猾的欺凌者知道如何让自己表现得品德优秀，他们还经常摆出模范学生的姿态。同样，同伴调解做出的努力也可能起不了作用。记住，霸凌就是能力的不均衡。当欺凌者和受害者在一个房间的时候，那个社交手段狡猾的欺凌者不仅知道该说什么，她还能同时说服成年人，并且威胁她的受害者（用非口头的肢体语言）。她还会因为这没有必要的对抗而责备受害者，并且在将来她会想方设法去侵害他人而不被发现。

让学校教职人员去联系欺凌者的家长怎么样（顺便说下，这很少发生）？欺凌者会混淆事情的真相，当然，她的追随者也会支持她。那么家长该相信谁呢？是她聪明的、受欢迎的、不会犯错的孩子还是"讨厌的"、社交弱势的受害者？如果是受害者的错的话，那家长会告诉她的孩子远离那个受害者。

如果你的孩子正在被欺凌，你可能会知道那阴谋隐藏得很深。只有当成年人改变他们对迹象、征兆的看法，改变他们认为的霸凌对我们年轻人的影响的态度时，现状才会发生改变。霸凌的确认、介入和防范需要一个系统的方法，需要孩子（受害者、欺凌者、旁观者和保护者）、父母、老师、教育工作者和学校教职人员的共同努力。但是现在，先从你开始：你可以先从确定一些早期的迹象开始入手，这些迹象可能就表明你的孩子就是霸凌的受害者。如果你的孩子正在被欺凌，她可能会出现下列情况：

- 丢失或者损坏物品（衣服、电子产品或者课本）
- 受伤（原因是听起来不太真实的故事）
- 社交退缩、孤独或者孤立
- 伤心、生闷气或者突然大哭

- 生气、悲观、消极、极其苛刻的行为方式
- 愤怒、狂暴或者爆发性的情感发作
- 对学校、体育或者社区活动失去兴趣
- 分离焦虑、逃避上学或者拒绝上学
- 肢体抱怨、担忧或者焦虑
- 睡眠问题（很难入睡或者很难保持清醒；经常打盹）
- 打、骂或者猛击（尤其是和年龄比她小的兄妹）
- 家里丢东西（比如钱和首饰）
- 胃口变化
- 上厕所问题（包括不愿意使用学校和其他地方的卫生间）

概述

在这一章里，你学到了取笑和霸凌之间的区别、不同类型的霸凌行为、霸凌的强度和孩子可能遭受欺凌的迹象。在第五章，我们将会为你的孩子创造条件，以培养她更强的社交竞争力，并改善她和同伴的关系。这首先要通过帮助她克服天生的羞怯、社交焦虑和社交退缩来实现。在第六、七、八章里，我们会讨论更加明显的社交问题，这些问题都源于主要类型的社交弱势和被欺凌的经历。

第五章

当你的孩子羞怯或社交焦虑时，怎么办

> **本章目标**
>
> 在本章中，你将学会：
> - 可以帮助孩子在社交上变得更加有自信的几条指导性原则
> - 如何针对孩子独特的社交需求去制订一个循序渐进的方案
> - 用特定的应对策略来处理孩子的几种主要类型的害羞或者社交焦虑

做好准备

在这一章,我们会讨论针对每一种羞怯或者社交焦虑而提出的指导性原则,以便帮助你的孩子向着更加果断、自信、冷静或者更加有积极性这个方向快速发展。每一个原则都是以另一个为基础的,无论你的孩子是什么类型的羞怯或者社交焦虑,都适用这些原则。

那么,你准备好了吗?现在是汇集所有信息,帮助你的孩子克服害羞或者社交焦虑的时候了。当你准备的时候,要记得每一个儿童进步的速度是不一样的。要帮助你的孩子通过取得小的进步来逐步建立他的自信。参照文中为帮助四个孩子在社交场合变得更加自信和舒适而定制的一套循序渐进的方案,我们将用我们的这些真实生活事例来指导你的每一步。让我们首先从伊莎贝尔的父母为帮助她更多地参与社交活动而制定的计划开始。

伊莎贝尔:热身

正如你在第一章中看到的,伊莎贝尔是一个可爱的七岁小女孩,她敏感、害羞,喜欢和爸爸还有她的邻居莉莉一起出去玩。然而,当有两个或者两个以上的孩子时,伊莎贝尔就会变得不知所措。她的妈妈说伊莎贝尔会立刻从嬉笑和开心变为害怕和哭泣。有时候,只有在鼓励之下,伊莎贝尔才会去接近另外一个儿童，但是当有其他人加入进来的时候，她就会立刻退缩。伊莎贝尔还会害怕一些陌生的场合和活动，比如生日聚会和家庭聚会。她很少参加学校活动和其他课外活动。如果你的孩子像伊莎贝尔一样，可能在你心中已经有了几个要实施的计划。在我们的真实生活中，伊莎贝尔的父母则希望她能够实现以下目标：

- 尝试参加新的活动而不紧张
- 即使焦虑的时候也要待在社交场合里
- 更加全面地参加社交活动
- 主动和其他儿童交往

为了更好地帮助伊莎贝尔，父母把他们总的目标分成了多个明确的、具体的和易控制的步骤，称之为"曝光"，这些都是生活中的场景，通过面对和感受它们可以帮助儿童控制他们的恐惧。伊莎贝尔必须认识到在社交冲突中感到紧张是正常的。她必须给自己一个机会来体验社交活动、接受焦虑的存在、学会沉着冷静，并且最终实现社交上的成功。当伊莎贝尔在社交场合出现逃避或者退缩的时候，她只记得自己是如何的害怕，正是这种不自在的感觉在延续着她的焦虑，并且怂恿她以后继续逃避类似的场合。现在让我们来看一下伊莎贝尔的一系列目标，这些目标对她来说也可以充当潜在的"曝光"。

伊莎贝尔的社交目标

‖社区活动

- 邀请一个朋友（在学校邀请或者通过电话）
- 拜访一个朋友（选好一个日期或者随意拜访）
- 一次和两个孩子一起玩耍（在自己家或者朋友家）

‖ 社交活动

- 参加生日聚会
- 参加在饭店的饭局
- 参加家庭聚会

‖ 学校情况

- 在课堂上被叫到时，回答所提问题
- 在课堂上主动举手回答问题
- 一次和两个孩子玩耍
- 加入一个小团体
- 向老师求助

‖ 课外活动

- 参加足球训练和比赛
- 参加新的活动（游泳课程）

现在，你可以为你的孩子设计一系列类似的社交目标了。首先，想象一下你想让孩子参与的特定社交地点和社交情境。然后，把每一个情境分解成一系列的小步骤。如果有必要的话一定要让他先看一下，然后一步步地完成每一个目标社交情境。

如果你的孩子像伊莎贝尔一样，你可能也想让你的孩子在现有的社交水平上进一步地提升。伊莎贝尔现在和莉莉一起玩耍、上学、参加社交活动和课外活动——她正在尝试，而且她想要更加全面地参与各种活动。如果伊莎贝尔老是想着她的焦虑，再加上缺乏参与，这很容易导致社交退缩。让我们一起来回顾一下用来帮助你的孩子提升社交能力和克服羞怯、社交焦虑的三个基本的指导性原则：提前行动、要有耐心、做好准备。

‖ 提前行动

提前行动就是说，要事先考虑和计划好如何能最好地给你的孩子提供积极的社交互动。这需要承认和尊重你孩子的羞怯。这意味着总是要考虑他热身慢、喜欢独处和先观察后参与的倾向。

如果你的孩子像伊莎贝尔一样，那么他参加任何一个新的社交活动，对你而言，都需要大量的前期准备和计划。考虑到当代家庭生活的快节奏，花时间帮助他确保每一个情境都能顺利进行是非常困难的。因为时间的限制，你可能真的希望你的孩子能融入他人，并且能够很自然地处理问题。当他无法做到的时候，你可能会期望或者希望他下次能够更好地适应。但是，你心里要明白，没有预先的计划这是不可能发生的。

有时候，你自己的个性或者教养方式可以影响你看待孩子的羞怯的态度。伊莎贝尔的妈妈是一个随和的、自称是外向型的人，她很难接受伊莎贝尔的羞怯，并且鲁莽地逼迫伊莎贝尔去参加各种活动。可是每当她强迫伊莎贝尔去参加活动的时候，伊莎贝尔就默不作声。相反，爸爸天性安静和敏感。他理解伊莎贝尔的困境，并小心谨慎地不去惹她生气。但是爸爸也没有去鼓励他的女儿。帮助儿童克服羞怯最有效的方法可能就是要父母找到平衡点，既不强迫他去参与，又不缺乏相应的鼓励。使用这种方法，你需要遵循我们的第二个原则：要有耐心。

‖ 要有耐心

理解和接受孩子的羞怯是一回事，当他在社交场合愣住或者害怕的时候，保持冷静却是另外一回事。当然，我们会感到失望和尴尬，也可能会认为他是故意这样的。接受孩子的羞怯让你不太可能认为他的行为是故意的，但是这未必能让孩子强烈的反应变得更容易控制。当然，随着你耐心的减弱，他的行为可能会更糟糕。父母该怎么做呢？不幸的是，最常见的反应就是让孩子提早离开那个场合或者活动。

当这样的事情发生的时候，你可能忍不住怨恨你的孩子。但是记住，如果你的孩子像伊莎贝尔一样，他很可能正在承受着认知扭曲的困扰（见第一章）。认知扭曲的特点之一就是个性化，也就是说他把不愉快的结果（也就是他提前离开的事实）完全视为自己的错。他可能对自己要求非常苛刻，所以训斥或者惩罚都是不需要的，这反而只会让事情变得更糟糕。

他可能在经历着另外一个认知扭曲，那就是全或无的思维模式（一种常见的歪曲思维，即把任何事情都看成非黑即白，编者注）。提早离开就会让你的孩子认为因为他不能一直待在那里，所以整个活动就是失败的。用这样的方法来评价结果会导致他更加容易逃避和社交退缩。因此，为了限制逃避和退缩，你的孩子需要留在那里，即使他认为他不能。即使他非常沮丧，容易引起别人注意，他也需要留在那里。

要有耐心也就是说要预料到你的孩子会变得不知所措，哭泣、颤抖或者发脾气，拒绝参加活动（反抗或者极度沮丧）。如你所知，在任何情况下保持耐心都不是一件容易的事情。这就需要我们的下一个指导原则：做好准备。

|| 做好准备

当准备一个晚餐聚会或者家庭旅行的时候，充分的准备就等同于成功。你会没有准备菜单、没有去购物、没有烧菜就邀请朋友过来吃饭吗？你会没有预约就去一个热门地点旅行吗？当然不会。让我们一起来看一下，做好准备是如何让你更轻松地帮助你的孩子，帮助他在社交方面更加积极、不再那么害怕的。

尝试新的活动。 帮助你的孩子尝试一些新的社交活动，比如，生日派对、家庭聚会和课外活动，这是他取得进步的一个关键因素。下列几段内容为你提供了几条建议，帮助他在尝试新的活动的时候感到更加自在。

教导你的孩子。 帮助他了解他的羞怯、慢热的禀性。让他知道如果他先观察，然后过一会儿再参加活动是没关系的。帮助他认识到没有人会强迫他快速加入活动，这样可以让他安心。如果有必要的话，答应他只要他不缠在你身边你会留在旁边。你还可以指出还有其他的孩子也不愿意参加活动。这可以帮助他感到不那么孤单，因此，他就不会那么消极地看待自己了。

重视参与。 像伊莎贝尔一样的儿童可能无法想象他们可以参与到新的活动中去，因此他们就不会去尝试。不要向他们承诺说他们不是一定要参加，而是让他自己去决定。这么做有利于你的孩子感觉自己更有自控力。一旦他活跃起来，他很可能跨出那勇敢的一步。

强调小的进步。 有些孩子对家长表达出来的任何失望，无论是口头的还是非口头的（比如，叹气），都会理解为是失败的标志。如果此时家长能找出他值得表扬的任何事情，哪怕是很小的进步，或者仅仅是走对了方向，都会帮助他产生动力，这样他才可以接受新的挑战。

做足工作。 当一个新的社交活动，比如生日聚会或者在饭店吃饭，即将到来时，让你的孩子预先去那里查看一下，帮助他去适应那个环境。

让他看一下他会坐在什么地方，跟他讨论一下他可以做些什么。特别强调一下这次活动令人兴奋的地方（比如，他最好的朋友会来、会有他最喜欢吃的食物或者他将参加一个他最喜欢的活动）。记下在那个地方的任何一种可能会导致你的孩子受不了的因素（例如音乐太响），并且考虑如何去减轻这个影响。在让他加入一个团队或者其他的团体活动之前，你可以考虑先让他参加一些一对一的课程。

考虑奖励。 奖励和收买是不一样的。为了阻止孩子冲动的行为而给予孩子特权（比如看电视）就是收买的一个例子。这不是一个有效的方法。实际上，这样的处理方式会增加孩子再次出现不恰当行为的可能性。然而，奖励对良好的行为有积极的促进作用，并且还会增加孩子再次做出良好行为的可能性。奖励可以帮助你的孩子更加努力地克服他的羞怯或者社交焦虑。实际上，一个提前计划好的小小的附加奖励可以决定你的孩子是否愿意尝试新的社交活动。

你不需要花很多的钱。奖励可以是不太贵的小物品（比如，游戏卡或者交易卡、贴纸、发饰），社交、家庭活动（比如，允许他去租碟、晚上迟点睡觉或者看电视、用电脑），或者大量的表扬。奖励应当在完成社交活动之后给予，即使他感到紧张或者不自在，也要完成社交活动的目标。一旦你的孩子成功了几次，他就可以很好地处理类似的情境而不需要任何的奖励了。然后他就会进入社交目标清单里的下一种情境，那可能是一种更加有挑战性的情境，当他完成新目标的时候你可以再次给予他奖励，记住不要在你的孩子完成目标之前给予他奖励。

即使焦虑也不要离开。 让你的孩子参加社交聚会是一回事,当他焦虑的时候帮助他待在那里是另一回事。在容易引起焦虑的社交活动中,你可以使用下列策略来帮助你的孩子。在使用这些策略之前,让你的孩子练习这些策略直到熟练掌握。

深呼吸练习。 当儿童承受压力的时候,对于他们来说深呼吸是冷静下来的最容易、最有效的方法之一。有一个冷静下来的方法尤其重要,因为社交焦虑经常会很快地增强。你可以让你的孩子遵循我们的四步法来放松自己:

1. 吸气。一定要让他用鼻子慢慢地深吸气。大声数数(数到三)并让他跟着你的节奏。
2. 呼气。一定要让他用嘴巴慢慢地、缓缓地把气呼出。大声数数并让他跟着你的节奏。
3. 帮助他练习这个呼吸方法直到他可以在恰当的时候吸气和呼气。
4. 帮助他熟练掌握这个呼吸练习,先在低焦虑的情形中练习使用,再用于一些易引起焦虑的场合中。

深层肌肉放松。 深层肌肉放松需要首先绷紧不同的肌肉群,然后放松。我们不可能同时放松和绷紧肌肉,但是如果你的孩子能够区分这二者,他就能更好地放松自己,这有助于他有更好的自控感。这个练习还是一个帮助你的孩子应对愤怒的很好的方法。你可以让你的孩子通过遵循我们的四步法来放松自己。

1. 向孩子示范如何绷紧和放松每一个肌肉群(如下)。让他绷紧肌肉三秒,再放松肌肉三秒。当他放松的时候,帮助他尽可能地完全放松。你要让他在每次练习之后都学会体会一种冷静和缓解的感觉。下文列举了一些孩子可以绷紧和放松的肌肉群。你可以让孩子练习全部或者仅练习他最敏感的那些肌肉群（比如肚子）。每一个肌肉群都有几种可能的练习方式。跟你的孩子一起试一试，找出他最喜欢的一种。

a. 手和手臂
- 握紧你的拳头
- 展示你的肌肉（二头肌）
- 手臂向上方伸直

b. 肩
- 拉紧你的肩部
- 抬起你的肩部向耳朵靠近
- 向两侧伸出双臂

c. 嘴
- 双唇紧闭
- 张大嘴巴

d. 肚子
- 收腹
- 尽可能地让肚子瘪下去
- 放松肚子

e. 头
- 弯曲你的眉毛
- 收缩你的鼻子

- 让你的前额上出现褶皱

f. 腿和脚
- 脚放在地上
- 伸直你的腿
- 弯曲你的脚趾（上下）

2. 帮助他练习，直到他可以做得很好。
3. 面对令他焦虑的社交情形的时候，帮助他进行这个运动，这可以让他避免哭泣、颤抖或者发脾气。
4. 帮助他熟练掌握这个运动，先在低焦虑的情形中练习使用，再用于一些易引起焦虑的场合中。

让他分心。 预料你的孩子对特定社交情境会做出怎样的反应，这是做好准备的一个重要部分。在放松运动不起作用的情况下，你可以考虑想办法让他分心。用这个方法，你需要做好充分的准备（比如，书、杂志或小玩具），想尽办法别让他停下来。分心可以通过让你的孩子暂时转移注意力来帮助他一直待在挑战性的情境中。但是，我们需要注意的是，分心是另外一种形式的逃避行为。分心极大地减少了孩子感到恐惧的机会，并且让他意识到他可以坚持下去，这对于他克服社交焦虑是非常有必要的。因此，我们推荐你可以试着让孩子分心，但是这只是作为克服某种困难情境的第一步。然后让他在没有分心的情况下去完成同样的社交任务。这可能会更加困难，但是这有利于他完全克服社交焦虑。

塑造孩子的行为。 塑造的理念就是你对于孩子恰当的行为给予大量的积极的关注（表扬），对于他不恰当的或者胆怯的行为给予最少的关注。

这时，你的孩子很可能正在由于他的社交焦虑行为而受到过多的关注（积极的或者消极的），这最终会延续他的焦虑。相反，我们是把它颠倒过来，给予他关注是因为他为克服羞怯或社交焦虑所做出的努力。你可以通过遵循我们的三步法来塑造你的孩子的行为：

1. 关注并表扬他克服羞怯和社交焦虑所做出的努力。
2. 让他知道你虽然没有关注他胆怯的行为，但是你知道他是害怕的。例如，如果你的孩子发脾气，并且坚持要离开生日派对，你可以这样跟他说："我知道你害怕待在这里，但是除非你冷静下来，否则我不能和你谈这个。"一定要用冷静的、无强烈感情色彩的声音说。
3. 尽力无视孩子胆怯或者不恰当的行为，记住，变得焦虑是成长过程中一个自然的部分。你要预料它的到来，并为之做好准备。通过鼓励他使用呼吸、放松和分心的方法冷静下来。强调他为了冷静下来所做出的努力，而不是关注他之前发脾气或者恐慌的表现。

考虑奖励。 如果以上所有方法都没有作用，并且你的孩子仍然极度沮丧，那么奖励可以帮助他"解脱"，使他能够集中精力于使用应对策略。奖励可以是便于放在手提袋、口袋或者钱包里的卡片、贴纸或者小玩具，如果需要的话可以随时拿出来。同样，只在你的孩子冷静下来以后才给奖励，然后表扬他能够冷静下来的能力。

更加全面地参与社交活动。 一旦你的孩子能够参与社交活动并且能够待在那里，那么你就可以把精力放在帮他更加全面地参与上。如果你的孩子像伊莎贝尔一样，那么加入一个团体，和两个孩子在一起玩可能是你最关心的。如你所知，伊莎贝尔在和一个孩子交往的时候非常开心，但是当另外两个孩子加入的时候，她就会失去自信。她只是不知道该说什么或者该干什么，很快她就会由于不知所措而选择退出。你要教给你的孩子下列基本社交技巧，你和他一起练习会帮助他树立自信，这样他就能够更加轻松地处理一些棘手的社交情境。

使用非口头形式的参与。 首先，帮助你的孩子参加一些非正规的、不需要什么对话的集体活动。比如，和其他孩子在社区里玩一些非竞争性的游戏，在休息时间加入一群儿童，和他们一起玩攀登架或者参加一个以活动为主的派对。向他说清楚，参与并不一定要交谈，哪怕仅仅就跟在别人屁股后面也完全可以。教会你的孩子通过持续的眼神接触、点头、微笑和大笑来表达兴趣。和另外一个家庭成员一起为他模仿这个技巧。向他展示当你仔细听和失去兴趣的时候，那个家庭成员的反应。帮助他练习这个技巧，让家庭成员都去强调他所做出的努力，并给予他积极的反馈和大量的表扬。

在现实生活中熟悉的、有组织的情景中练习。 正如伊莎贝尔和她要好的朋友（莉莉）在社区玩耍的时候感到非常自在一样，因为这个原因，妈妈鼓励伊莎贝尔和莉莉一起练习她的聆听技巧。首先，妈妈鼓励伊莎贝尔问莉莉一个问题，比如："你喜欢这个电影吗？"你也可以和你的孩子做类似的练习。在一个你的孩子感到自在的情景中使用积极的非口头肢体语言（微笑、眨眼或者竖起大拇指）来引导孩子的互动。经过和要好的朋友或者家庭成员一起反复的练习，你的孩子会很快感觉自己是一个"大师级的聆听者"。然后你可以在问答活动中加入另外一个同龄人。

培养一个理想的三人组。 像伊莎贝尔一样的儿童可能是顽固的,并且害怕和另外两个孩子同时互动。因为这个原因,要特别注意帮助你的孩子再找一个朋友来实现三人组,建立他的社交自信。一个理想的第三人应该在社交方面能够让对话持续下去,除此之外,他的脾气甚至应该足够温和来忍受你家孩子突然的焦虑、沮丧或者退缩。考虑一下你家附近的儿童、亲戚或者朋友。你的目标就是帮助你的孩子最终能够忍受和接受他的小集体里的另外一个成员。继续强调非口头的参与和跟小组成员待在一起的重要性。鼓励他进行深呼吸和肌肉放松法,根据不同的情况在必要的时候予以奖励。持续练习直到你的孩子在加入新的聆听小组成员的时候感到自在,并且在说话的时候没有压力感。

锻炼交谈技巧。 你可以通过问别人关于他们的一些问题和非口头的交流,继续帮助你的孩子对他人表现出兴趣。和你的孩子一起玩角色扮演游戏,通过持续问他一些问题向他展示你是如何让对话继续下去的。表扬他的努力,称赞他新学的交谈技巧。帮他列出一些他可以和其他孩子一起讨论的他最喜欢的话题。然后让他先和一个孩子练习,再和一小组孩子练习,同时你用非口头的反馈来提示他。在舒适、安全的环境中(比如,你家附近或者他喜欢的其他地方),多发挥朋友、亲戚和低调的同龄人的作用。随着孩子自信的逐渐增加,给予他的提示也要越来越少,最终你要从他的交往中完全脱离出来。这些练习能培养你的孩子对加入群体的能力的自信。

主动联系其他孩子。 接受另外一个孩子加入一个已经存在的二人组不容易,而加入一个已经建立的组织当然更困难。在帮助你的孩子实现这个目标之前,帮他首先在一些小的方面采取积极主动的态度。例如,在家里,鼓励他打电话约一个朋友出去玩。如果有必要的话，可以分成几个步骤，首先你帮他拨电话，然后让你的孩子来说"你好"，最后当他打电话的时候待在他旁边。在他这样锻炼了几次以后，鼓励他积极主动地约其他小朋友。给录音电话留言也非常重要。（即使成年人在这类的"有压力"的情况下留言也会感到焦虑）

在学校，和你孩子的老师一起开发一个监控系统（带有家庭奖励的）来记录你的孩子跟别的孩子说"你好"、寻求帮助、举手或者加入一个群体的频率。当你外出的时候，鼓励你的孩子到饭店里自己点餐，或者在玩具商店里让他向店员寻求帮助。不要允许他躲在你的身后，但是可以接受他做出的努力，比如低声说话或者做出手势，尤其是刚开始的时候。一段时间以后，这些方法会帮助你的孩子在这些场合变得更加自信。

当你的孩子准备好了，帮助他在舒适的、安全的环境中，比如你家附近的公园、生日聚会或者社区的游泳池，加入他已经知道的孩子群体中。在这些情境中，通过鼓励他微笑或者使用其他的非口头的参与方式来帮助他加入群体。要向他强调在短暂休息的时候和大家待在一起。鼓励他使用呼吸和放松法，并且准备好根据需要使用奖励来帮助他。帮助他练习问问题、查询信息和赞美别人。随着你的孩子自信的建立，他能够按照这个步骤尝试加入他并不熟悉的群体。用角色扮演的方法和家人一起练习如何请求加入一个群体和如何应对一些不怎么愿意接受的回应。继续为他创设一些情境，帮他练习、准备（提醒他该干什么）和完善（熟练掌握）他的技巧。带着耐心和毅力，看着你的孩子由慢热型发展成为社交自信型。

下面我们讨论的是"自我意识"类型的儿童，结合的是史蒂芬和他的父母的生活事例。

史蒂芬：变得更加自信

正如你所记得的，史蒂芬是一个讨人喜欢的十岁男孩，他聪明、善良、学习优秀、喜爱运动，还很受同龄人和老师们的喜爱。但是史蒂芬害怕自己犯错，他希望每个人都喜欢他，对自己要求过于苛刻。他天生不需要怎么努力就可以在功课和体育方面很优秀，然而如果他犯了仅仅一个错误，他就会退缩、情绪低落。父母希望史蒂芬能够做到下列内容：

- 不再那么担心犯错
- 在运动的时候更加自信

父母把他们总体的目标分成了多个明确的、具体的、易控制的步骤。让我们来看一下史蒂芬的目标，这些也是社交活动发生的情景。

史蒂芬的"责任"清单

‖ 学校和社交场合

- 在课上回答问题
- 举手
- 向他人寻求帮助
- 处理麻烦问题

‖ 运动方面

- 在训练期间自信地练习
- 在比赛期间自信地比赛（家人不在场）

- 在比赛期间自信地比赛（家人在场）

你可能也想为你的孩子设计一个类似的清单。想象一下你想让你的孩子更加有效地应对的具体的活动地点和社交场合。你可能需要把一些社交情境分成几个小的部分。

和伊莎贝尔不同，史蒂芬不是逃避社交场合。他经常参加学校的体育和其他活动，但是由于害怕犯错或失去父母、老师和教练的支持，他没有尽自己最大的努力。我们前面提到的三个指导性原则（提前行动、要有耐心和做好准备）仍然适用于史蒂芬。但是，更重要的是，史蒂芬还可以从第四个指导性原则中获益。他必须要学会更加现实地思考他对于成功的期望，和更好地理解他对于赞同的强烈需求。这首先需要看一下他父母的期望。

‖当心你的期望

如果你的孩子像史蒂芬一样，你可能在想为什么他这么受别人的喜爱却感到信心不足呢？这种反应就是"自我意识强"的标志。为什么史蒂芬会这样？首先，让我们进一步来看一下史蒂芬的父母对他们儿子的期望。

史蒂芬的爸爸是一个非常认真、竞争心强的人。一方面，他完全赏识儿子出众的智力和运动能力。另一方面，他低估了史蒂芬自我意识的范围。爸爸知道史蒂芬的能力，相信他应当表现得更好，当看到他退缩的时候就感到非常沮丧。爸爸想把他偶尔批评性的反馈当作是帮助史蒂芬变得更加成功的动力。然而，他完全没有领会的是，他无法强迫他的儿子去培养一种"杀手的天性"。

史蒂芬的妈妈则更加支持他，有时候她对他过分溺爱了。她知道史蒂芬对自己要求多么严格，他不需要别人来批评他。因为这个原因，无论史蒂芬做什么，她都会极端地、持续地表扬他。然而，妈妈完全没有意识到的是频繁的、非特定的表扬很快就会失去价值，并且不足以帮助史蒂芬养成积极的自尊心理。

因此，我们有两种不同的教养方式同时在实施，这两种方式都承载着我们最美好的愿望。一个是教史蒂芬重视消极的一面，另一个是在减少史蒂芬的担忧，但是这样做可能会导致他对犯错有种内疚感。让我们来看一下父母的期望是如何使史蒂芬产生了强烈的自我意识的。

你可能还记得，我们在第一章里讲到，史蒂芬经历着两种主要的认知扭曲：一种是全或无的思想，这种思想让他把偶尔一个错误就看成是失败的标志；另外一种是消极过滤，这种思想导致他只看到事情消极的一面。在史蒂芬的案例中，并不是史蒂芬无法忍受犯错，而是对他来说犯错就意味着失去重要人的认可。因为史蒂芬的消极过滤，所以即使当他表现很优秀（比如，当他在棒球比赛中击中三球），他仍然在想着消极的方面（他的爸爸对于他三击未中的非口头形式表现出来的失望）。

在内心深处，史蒂芬无法高兴起来，除非他得到了他生活中的重要人物的完全认可。当然，你可以想象，很少有人能得到生活中每一个人的认可。史蒂芬总是自我意识强，只要他需要他人绝对的积极的认可，那么他还会继续弱势。

如果你的孩子像史蒂芬一样，你也要留心你的期望会给他带来怎样的影响。你需要帮助他学会用有益的方法来评价情形，最重要的是，要学会自我赞扬的意义。让我们来看一下如何帮助父母实现他们对于史蒂芬提高自信的目标。

不那么在意犯错。

识别自动思想。 帮助自我意识强的孩子变得对自己要求不那么苛刻，要做的第一步就是识别他的自动（不现实的）想法（自动出现的想法、一般是负性的，编者注）。自动想法和问题就是我们的大脑在告诉我们——我们很焦虑。没有任何的警告，这些思想就涌现在我们的脑海中，让我们感到不舒服，告诉我们什么事情是行不通的，或者哪些结果是无法避免的。让我们来看一下史蒂芬的一些自我意识的自动想法或者问题，看一下当他这么想的时候是什么样的感受。

思想：（在学校）我要是犯了错误怎么办？惹上麻烦怎么办？

感觉：没有人会再喜欢我了。

思想：（在棒球比赛中）要是我们输掉比赛怎么办？要是我让爸爸（教练或队友）失望怎么办？

感觉：都是我的错。

如你所见，史蒂芬的自我价值直接与他的表现甚至整个队的表现联系在一起。然而，他的自动化问题都不是真的，如果不去改变，这些问题会导致他自尊的减弱。下面进入我们的下一个步骤。

检验自动想法。 你可以通过问孩子一些问题来帮助他检验他的自动思想，当然这些问题都是从常用的认知疗法技巧中抽出的、有事实根据的。

- "你多长时间犯一次错误（在学校或者运动中）？"

- "你上次犯错是在什么时候？"

你还可以用后续问题来帮助孩子更准确地看清情形。例如，如果他说他在学校"一直"在犯错误，那么你可以问他："你在考试中或者成绩报告单中多长时间会出现一次不好的成绩？"

你的目的是帮助孩子认识到，他所担心的事情有很小或者没有发生的可能性。避免说类似于"一切都会好起来的"或者"别担心"的话来减少他的忧虑。这种安慰无法让他降低忧虑，也无法让他学会如何独立地去检验他的自动思想。

检验感觉。 一旦孩子意识到他的自动思想是缺乏事实根据的，他就会去检验与这些思想或情况有关的感觉。你可以问他下列问题：

- "有人因为你没有击中球而骂你吗？"
- "如果真的有的话，那么他是谁？你是怎么回答的？"
- "你失去过朋友吗？"

你的目标就是帮助孩子培养对更深层面的理解（"大局"），这样他就能够更现实地评价他的想法和感觉。通过这样做，你将帮助他认识到即使他犯了错误，也不会有什么严重的后果。鼓励他在回答这些问题的时候尽可能的具体。让他明白人的感觉无论多么微妙也无法全面地反映现实，只会以偏概全。

减少对于团队成功或者失败所承担的责任。 自我意识强来自于两方面：第一，因为失败，承担所有的责任；第二，忽视个人对团队成功的贡献。和很多自我意识强的儿童一样，史蒂芬害怕作为最后一个击球手还没击中球。这从来没有发生过，但是假如发生了，无论自己之前的表现如何，毫无疑问，史蒂芬会感到是他搞砸了整个比赛。我们的目的就是帮助你的孩子理解他在决定比赛结果方面所扮演的真正的角色。你可以问他下列问题：

- "赢得比赛全是你的功劳吗？"
- "完全是因为你，大家才输掉了比赛吗？"
- "如果你是这么认为的话，你到底做了什么让事情变成这样？"

尽力引导孩子的回答，让回答反映他做出的努力而不是他糟糕的表现。这就是说当他因为赢得比赛而非常兴奋或者因为输掉比赛而极度难过的时候给予他最少的关注，而当他说他尽力的时候，给予他大量的关注。

接受不完美的结果。 在实际生活的社交情境中反复锻炼之后，你的孩子就不会那么担心犯错误了，对消极的结果也不会那么有内疚感了。然而，最终你还是要朝着帮助你的孩子接受不完美的结果这个方向去努力。因为你的孩子天性自我意识强，所以这并不是件容易的事情。让事情更加困难的是，我们生活在一个追求完美的世界中——即使你能控制自己对他的期望，你孩子的老师、教练和同龄人也可能无法做到。为了帮助他应对他自己的错误，提示他当评价一次表现的时候学着说下列内容：

- "我不需要是完美的，只要我尽我的全力就好。"
- "如果我犯了错误，那没关系。每个人都会犯错误的。"

记住，你的孩子不习惯这样想。首先，这可能感觉很虚假，并且他可能拒绝说这些话。然而，一段时间以后，在你的支持和引导之下，他会变成你忠实的支持者。

鼓励合理的（有益的）自我评价。 一旦你的孩子能够接受不完美的结果，

他就愿意用更合理的方法来评价他的表现。"合理"并不仅仅意味着积极的想法（变得积极——例如，说"我打了场很棒的比赛"——对他来说，可能不现实或者不准确）。合理的思想允许一个人积极地检验情形、强调努力和小的成功，并且在需要的时候想出一个行动计划。合理的思想可以帮助你的孩子保护他的自尊，即使当他的表现不是很理想的时候。所以当史蒂芬因为没击中球而生气，还说"我搞砸了比赛"的时候，父母可以提示他说下列内容：

- "我尽力了，那是我最好的表现了。"（努力）
- "我刚才还击中了三次呢。"（小成就）
- "如果我失望了，我下次要更努力，多做些击打练习。"（行动计划）

记住，你的孩子习惯了用消极的方式评价结果。你要预料到这样的消极心态，尤其是刚开始，对他说："你能用一个更好的方法来看待你自己吗？"引导他强调他付出的努力、取得的小小成就和他下次该怎样做。最重要的是，帮助他养成习惯说"我对自己感到自豪"。让你的表扬以他合理的自我评价为基础，而不是他的表现。

在比赛中变得更自信。 既然你的孩子在思考方式方面正在逐渐发生变化，变得自我意识不那么强，那么经过现实生活中的社交情境和表现情境的锻炼，他最终会增强自信心。对于史蒂芬来说，有家人在场的棒球比赛就是真正的考验。当他的家人不在场或者不在视线范围内的时候，他就会很容易对他自己的表现感到满意，而当他看到他爸爸在看比赛的时候，他很难对自己的表现感到满意。父母为他安排了下列顺序的活动。

1. 家人不出席比赛或者保持在视线范围之外。（鼓励、支持和表扬你的

孩子合理的自我评价）

2. 有一个能够鼓励他的家庭成员出席。（重复这个过程。记住避免掩饰性的安慰，比如，"一切会好起来的"）

3. 有几个家庭成员（有鼓舞人心的，有不那么鼓舞人心的）在场。重复这个过程。一定要注意你的非口头的反馈。

4. 根据需要在其他相关比赛中重复上述行为。让你的表扬建立在孩子合理的自我评价之上。

如果你对孩子实行一个类似的策略，在一段时间以后，就像史蒂芬一样，他会学会欣赏他自己的成就、养成更积极的自尊心、不再依赖你的反馈，并且在心理上更坚强。

现在，让我们结合贝丝和她的父母的生活事例来看一下我们的"社交焦虑或者表现焦虑"的类型。

贝丝：尽她最大的努力

贝丝是一个人见人爱的十一岁小女孩，她文静、有责任心。她在小学表现非常好，同龄人都喜欢她，她还是个有天赋的网球运动员。然而，当涉及比赛的时候，贝丝就会痛苦地挣扎。在每一场比赛之前，她都会感到身体不舒服，担心自己会呕吐。这些不舒适的肢体感觉与她非常害怕失败有密切的关系。贝丝的父母试图去弄明白为什么她会有这样的感觉。他们谁也没有对她要求苛刻，也没有给她任何去超越别人的压力。实际上，父母两人都一直对她在学习和运动方面做出的努力表示很满意。如果有什么不满意的地方的话，那就是他们为贝丝变成现在这样而感到难过。由于不知道该怎么办，他们考虑允许贝丝在网球比赛中休息一会儿。

如果你的孩子像贝丝一样的话，你可能在心中有几个目标等待她去完成。父母希望贝丝能够做到以下几个方面：

- 理解并忍受不舒服的肢体感觉
- 对比赛有一个合理的态度

让我们来看一下帮助她在有压力的情况下保持"冷静"的目标清单。

贝丝的"冷静"清单

‖ 思考网球比赛

- 谈论网球比赛（一般性的）
- 看网球比赛（电视）
- 谈论即将到来的网球比赛

‖ 看网球比赛

- 观看成人网球联赛
- 观看同龄人打网球比赛（中学网球队）

‖ 打比赛

- 参加同龄人的联赛（竞争不是很激烈）
- 参加中学队的比赛

跟史蒂芬一样，贝丝也遭受着社交焦虑和表现焦虑的困扰。因为这个原因，旨在帮助史蒂芬变得更加自信的认知疗法也可以帮助贝丝保持镇定。但是贝丝不仅仅是担心犯错或者失去他人的认可。她还害怕失败（输掉比赛）或担心自己会呕吐。为了帮助她感受和学会忍受这些不舒服的想法和肢体感觉，她的"冷静"列表里包含了一些会引发不舒服的想法和肢体感觉的情景。在这个过程中，贝丝将会需要很多帮助来控制她自动的思想。除此之外，她还可以从深呼吸和肌肉放松法（在关于伊莎贝尔那部分所讲到的）中得到缓解。但是，因为贝丝年龄大一些，而且认知过程更加复杂，因此她将需要对她身体上所发生的状况有一个更好的了解。这就需要我们的下一个原则，保持一致。

‖ 保持一致

贝丝的父母在她参加比赛方面的态度是相互矛盾的。毕竟，她那么努力，而且在生活的其他领域都表现得很好。让她去避免那些令她感到不知所措的情形有什么坏处呢？如果他们按照这样的方法继续下去的话，贝丝将会在网球比赛中感到无聊和没有挑战。更重要的是，如果父母让贝丝在比赛中因为社交焦虑和表现焦虑而休息的话，他们向贝丝传达的是什么信息呢？他们最好能够在观点上保持一致，让她去面对她的恐惧。他们可以通过逐渐让贝丝出现在引起焦虑的场合而不让她感到不知所措，这样她就可以控制她焦虑的思想和不舒服的肢体感觉。记住，想象一个恐怖的社交情境或者表现场景会比体验真正的结果更加可怕——每当贝丝避免了一个情境，在她的心里，她已经避免了呕吐和输掉比赛的羞耻。经常面对和感受恐惧是克服焦虑的唯一方法，哪怕是一小步一小步地前进。

和史蒂芬一样，贝丝也遭受着认知扭曲的困扰，但是她还具有灾难性的思想。尽管没有根据，她总是自动地假想最糟糕的结果会出现。部分原因就是贝丝在生活中的很多方面都已经经历过了压倒性的胜利。她不知道如何应付哪怕一点点的失败，因此，她的身体对任何失败的迹象都会有反应。让我们来看一下父母是如何帮助贝丝克服她的恐惧和不能容忍失败的想法的。

理解和忍受不舒服的肢体感觉。 就好像我们的大脑在向我们传递"我们很焦虑"的信息一样，不舒服的肢体感觉是我们的身体在做相同的事情。我们要做的第一步就是去帮助孩子理解在容易引起社交焦虑和表现焦虑的场合出现的肢体感觉。像伊莎贝尔这样的孩子可能仅仅是感觉不舒服。他们不太可能会理解肢体感觉可能与他们感到担忧的事情有关系。因此，对于比较小的孩子，可以使用呼吸和放松练习作为应对策略。大一点的儿童（和青少年），像贝丝一样，很可能会经历更多的肢体感觉，比如，胃痛、头痛、头昏和呼吸困难。更重要的是，他们还可能养成对恐惧的担忧。这就是说儿童可能会害怕有这样的感觉，并且担心胃痛会导致呕吐。下列"三A法"可以帮助你的孩子更多地接触和接受他的肢体感觉：

预料（Anticipate）。 帮助你的孩子在可能会引起焦虑的社交情境或者表现情境中预料到肢体感觉，比如，在运动比赛中、音乐表演时或者成绩测验中，如果他在准备表演的时候预料到会感觉不舒服，那么当他真正感受到这些感觉的时候就可能感觉不那么害怕了。

接纳（Accept）。 把肢体感觉视作经历社交焦虑或表现焦虑的一个正常的部分，帮助你的孩子认识到他的肢体感觉是他的身体在向他传递"我很焦虑"的信息（例如，他可能在说，"这就是我的焦虑"）。他不需要对此感到害怕。

欣赏（Appreciate）。 帮助你的孩子理解他的肢体感觉并不是真正的肢体疾病的结果，二者是没有联系的。一段时间之后，他将会认识到感觉

不舒服与即将到来的社交情境是有关系的。

对竞技运动持有一个合理的态度。跟其他的父母一样，你也想让你的孩子从参加竞技运动中获益。你想让他努力锻炼、培养技巧，更重要的是获得乐趣。一旦你的孩子学会了"三 A 法"，他就会对不舒服的肢体感觉不那么担心了，并且他还更可能会以合理的态度来享受体育的乐趣。但是如果他曾经有过恶心或者呕吐的经历怎么办？正如贝丝一样，她仍然会很害怕，这可能会影响她培养正确的态度。在史蒂芬的事例中，让他明白他并不是很频繁地犯错误就足够了。但是对于贝丝来说，有一个更大的障碍在阻碍她，阻碍她养成合理地对待运动的态度——她需要能够从容应付她认为即将到来的灾难。

去灾难化。 你可以帮助你的孩子来检验如果他的噩梦变成现实的话会怎样。真的会那么糟糕吗？你可以问他下列有一定事实根据的问题：

- "可能发生的最糟糕的事情是什么？"
- "如果真的发生了，真的有那么糟糕吗？"

贝丝的父母帮助她检验在网球比赛时出现的肢体不适的证据。他们帮助贝丝意识到，她在比赛前、比赛中或者比赛后从来没有呕吐过。相反，她有过两次不舒服，两次都是因为肠炎，与打网球没有任何的关系。在他们的帮助下，贝丝的确承认了尽管不舒服，但是那感觉来得快，去得也快。你的目标就是帮助你的孩子意识到即使是最糟糕的结果也没有想象的那么坏，并且这很少会发生。用这样的方法来向你的孩子提问（而不是安慰他）可以消除他对恐惧的担忧。一旦你的孩子不再关注可能出现的最糟糕的结果，你可以继续问他下列问题：

- "通常都发生了些什么事情（关于儿童害怕的事情，比如生病）？"
- "可能发生的最好的事情是什么？"

父母帮助贝丝重新认识了比赛前出现的不舒服，这种感觉通常会在比赛的前三十分钟内消失。除此之外，通过经常问她"可能发生的最好的事情是什么"（回答是"没有不舒服的感觉"），父母帮助贝丝开始关注积极的结果。事实证明贝丝只有在和顶尖选手对抗的时候才会感到紧张。通过问她一系列相似的问题，父母还帮助贝丝减少了对失败的灾难性恐惧。例如，贝丝很快就意识到她很少失败，即使她失败，那也是在和比她大很多的对手大战的情况下。通常情况是她轻松完成比赛而没有受到任何挑战。和贝丝的父母一样，你也可以帮助你的孩子少经历一些焦虑。但是你的任务还没结束——你需要帮助你的孩子在有压力的情况下妥善应付出现的问题。当事情进展得不是很顺利的时候，例如，如果贝丝在比赛期间或在失败的边缘感到不舒服时，她该怎么办？

培养应对思想。 帮助你的孩子在社交情境或表现情境前（减少预测）或者之后（做合理的自我评价）用有益的方法思考，但是面对焦虑时做理性的思考不是件容易的事情。也正因为如此，你也想通过教会你的孩子一些应对思想来帮他更有效地应对具有挑战性的情景。应对思想是处理困难情况的建设性的方式。我们接下来将会阐述当贝丝感到不舒服或输掉比赛时她会对自己说什么。

情境： 在网球比赛中感到不舒服
自动想法：我感到不舒服……如果我呕吐了怎么办？
应对思想：没关系，这仅仅是我的焦虑……深呼吸，用放松法。

情境：在比赛失败的边缘

自动想法：我要输了……我不能输……

应对思想：我正在尽力……我没必要表现得那么完美。只要一直努力我就不会失败。

最后一个步骤就是鼓励孩子在参加过社交活动或者表演活动后进行合理的自我评估。如果他过于失望，一定要帮助他重视他付出的努力，认识到他取得的小的成功，并且为下次制订一个行动计划。帮助他关注他做得好的地方（而不是他犯的错误或者任何消极的结果）和比赛中令他感到享受的方面。这样做一段时间以后，你将能减少你孩子强加给自己的压力，这些压力是他希望自己能够赢得比赛而产生的。同时，你也能够帮他养成对待比赛的合理的态度。

现在通过保罗和他的父母的故事，我们来讨论一下"社交恐惧"的类型。

保罗：努力

保罗是一个说话柔和的十三岁小男孩，他体贴、敏感，还是一个优秀的学生，有很多好朋友。保罗和别人在一起的时候总是会焦虑，并保持很高的警惕。他在考试的那段时间不愿意去上学，并且渐渐地不愿意与朋友和家人交往，因为他害怕成为别人关注的中心。他害怕别人仔细观察他或者做一些让他尴尬或者丢脸的事情。史蒂芬妮和亚瑟都对保罗这样的表现感到很困惑。毕竟，他从来没有过任何不愉快的社交经历。他们只希望他能够过着没有烦恼和焦虑的生活。

父母希望保罗能够做到下列事情：

- 在他必须表现（考试、口头报告）的日子去上学
- 努力去更频繁地与朋友和家人交往

让我们来看一下保罗的目标清单，这些目标也可以充当潜在的社交情境。

保罗的目标清单

‖ **在校情况**

- 到自助餐厅度过一段时光
- 在有考试的日子去上课
- 参加小组活动
- 做口头报告

‖ **社交情况**

- 使用公共厕所
- 去电影院
- 在饭店吃饭
- 逛商场

和贝丝一样，保罗害怕经历灾难性的后果。正因为这个原因，保罗可以从本章前面讨论的一些认知策略和放松策略中得到帮助。但是保罗不仅仅担心失去别人的认可、表现差或者肢体不适，相反，他担心别人在谈论他。他并不想成为别人关注的焦点。保罗害怕的场合包括学校和各种社交场合，如果让他

真正身处这些场合，他会发现其实他感到尴尬的可能性很小。但是帮助他认识到这一点并不是件容易的事情。保罗认为丢脸的事是无法避免的。这就要求我们探讨下一个指导性原则：持之以恒。

‖ 持之以恒

保罗的父母总是让他去决定自己的社交生活。现在他们意识到他需要帮助，但是他们不知道从何下手。保罗强烈抵制他们的任何鼓励，我们知道为什么他这么做——和贝丝的社交焦虑不同，贝丝的焦虑仅仅局限于竞争性的网球比赛，而保罗的社交恐惧更加强烈，贯穿于很多社交场合。想象和参加任何一个可能令人尴尬的场合都令他十分疲惫。他得到缓解的唯一的可能就是避免所有的社交场合。

但是保罗没有意识到的是，他如果去商场或者饭店、参加小组活动或者到学校自助餐厅去待一会儿，哪怕只有一小会儿，就会发现自己其实并不会尴尬。父母需要持之以恒地支持保罗，鼓励他实现参加社交活动的每一次的进步。他们需要坚定他们的立场，让保罗清楚完全避免学校和社交场合是不可取的。

和伊莎贝尔与贝丝相同，保罗还在遭受着主要的认知扭曲的困扰，但是他最明显的感知扭曲包括预测未来和读心术。保罗总会自动设想参加任何的社交活动都会导致尴尬或丢脸，即使他缺少来自以往经历的证据（预测未来）。他一直在想下次就真的会尴尬了。他不准确的预测与他不准确的读心术有直接的关系。例如，尽管老师表扬了他的口头报告，保罗还是会感到尴尬，因为他认为别人已经注意到了他哆嗦的双手和颤抖的声音。保罗必须要了解不是每一个人都在关注、判断他的行为或者对他的行为感兴趣。让我们来看一下父母是如何完成他们给保罗设定的目标的。

在有表现活动（考试、口头报告）的日子去上学。 如果你的孩子像保罗一样，让他去上学是非常重要的，尤其是参加一些类似于考试的强制性活动。记住，想象尴尬总是比任何实际结果都要糟糕——如果你的孩子待在家里不愿上学的话，他肯定相信自己是躲过了一场灾难。你需要让他在需要考试的时候去上学，这样他就会发现没有任何灾难会发生。当然，你需要预料到他可能会反抗。

保护你的孩子的自我掌控感。 我们的理念是去挑战你的孩子，但是同时不能打击他。如果他感到非常不安全，他可能会拒绝在考试的日子上学。为了帮助他有掌控感，尝试和他的老师们提前做好安排，允许他做下列事情：

- 上学（但是允许他不上某一特定课程）
- 上课（观察而不参与）
- 在一个单独的房间里考试

我们要做的第一步就是要你的孩子变得乐意去上学。如果你的孩子像保罗一样，他并不是担心表现差；他担心的是其他人会注意到他的紧张，或者注意到他尴尬的事情。只要允许他待在家里不去上学，他的担忧就会增加。一旦到了学校，他就会逐渐地感到更加安全，并且最终会参与到活动中去。允许你的孩子以他自己的节奏来进步，完成社交任务，一次一个，这最终就会引导他去上学，并且完全参与到活动中去。但是，因为他有认知扭曲的问题，所以我们仍然需要帮助他更准确地理解这些活动。毕竟，他的思考方式在约束着他的社交活动。继续往下读，你就会发现一些帮助他解决感知扭曲和帮助他摆脱出来、参加社交活动的方法。

努力去更频繁地与朋友和家人交往。 有时候，社交恐惧实际上能让儿童或者青少年感觉自己很重要。如果你认为每一个人都对你的想法、感觉和行为感兴趣的话，即使是以消极的方式，你会有什么样的感觉？如果这给了你的孩子一个认为自己很重要的错误感觉，这种感觉还会导致他的社交恐惧一直存在，那么你就需要帮助他认识到大部分人都没有在关注他——实际上，他们没有时间去在乎他。

通过使用下列顺序的生活场景来帮助你的孩子，让他对于他的焦虑不那么关注，减少他害怕被别人审视的担忧。

1. 穿过一个不熟悉的商场或者其他没有人认识他的一个拥挤的地方。记录任何看他、盯着他或者试图和他讲话的人。帮助你的孩子认识到每个人都在忙他们自己的事情。在越来越熟悉的环境中重复这个过程。

2. 去一个不熟悉的饭店观察别人。如果你的孩子像保罗一样（他害怕会被认出来，还害怕自己会犯错，比如打翻饮料或者害怕别人会评论他吃的东西和吃东西的方式），他会同意的。观察如果一个人犯了错，会发生什么。你的孩子怎么看那个人？让他认识到他和其他人一样，不会过于关心别人的行为，而且大部分的人都是宽容的。在越来越熟悉的饭店里重复这个过程，直到他能舒服地吃些东西，并且不怎么害怕。

3. 录下你的孩子在社交活动（派对或者家庭聚会）或者表现性的活动（比如，体育游戏、音乐会或者拼字比赛）期间的行为。一定要有你的孩子单独的片段、他和别人互动的片段以及观众单独的片段。跟他讨论一下他看自己的录影时的反应（他可能发现他看起来很紧张）、你是怎么看待他给人留下的印象的（你可能认为他看起来相当镇定）和他人的反应（他们可能看起来是中立的或者不感兴趣的）。帮助他认识到他的焦虑是很难被注意到的。如果他仍然不相信，让他和其他家庭成员或者朋友一起看视频片段，询问一下他们的看法。

4. 利用自然发生的社交情境或者活动。当你的孩子受到邀请参加社交活动时，一定要让他参加。让他清楚，除非家庭先有安排，否则他必须要出席那个活动（如果让他决定的话，可能又会有一些不去的理由）。最后，等到他能够成功地完成之前的任务的时候，帮助他朝着自己做决定的方向迈进。

5. 鼓励你的孩子（儿童或者青少年）主动参与社交，首先与家庭成员，然后是朋友。先采取简单的步骤（打电话或者发电子邮件），允许他以自己的节奏进步，只要他愿意继续并为之努力。

记住，克服社交恐惧是一个费时的过程。遵循我们的指导，你可以帮助你的孩子（儿童或青少年）逐渐消除他的社交逃避，在社交情境或者表现情境中更加有效地应对出现的问题，更重要的是，培养健康的思考方式和人际关系。

概述

在这一章里，我们通过一步步的方案引导你帮助孩子克服羞怯或者社交焦虑。更重要的是，我们为培养他的魄力、自信和在有压力的社交情境中应对出现的问题的能力打下了坚实的基础。在第六章里，我们会结合杰西卡、乔治和他们父母的故事，告诉你如何帮助你的孩子克服他的社交退缩。

第六章

当你的孩子不爱交际时，怎么办

本章目标

在本章中，你将学会：

■ 帮助孩子在社交活动中变得更加积极的指导性原则

■ 如何以孩子的特殊社交需求为基础，设计出循序渐进的方案

■ 解决儿童和青少年社交退缩的具体应对策略

帮助你的孩子应对不爱交际的心理

社交焦虑的孩子总是想和他们的同龄人一起玩,但是由于羞怯、自我意识强、表现焦虑或害怕丢脸等,他们频繁地避开那些不熟悉的社交场合。例如,保罗非常渴望与他人相处,但是又担心与朋友及家人交往,因为他害怕自己会做一些尴尬或者丢脸的事。因此保罗的逃避是与焦虑有关系的:他想要逃脱使他不安的事。

但是,不爱交际的孩子更多的是选择将自己孤立起来、选择独处,不管是对于熟悉或者不熟悉的人和场合。不爱交际,在轻度的时候,可能是由偏爱个体活动所引起的,正如杰西卡那样。但是通常,它源于社交焦虑和抑郁的结合,乔治的例子证实了这一点。

本章内容主要是通过阐明我们的一步步的方案,从而帮助杰西卡在社交活动中变得更加积极。

杰西卡:再次参与进来吧

正如你在第二章了解的那样,杰西卡是个敏感的十二岁小女孩。她在学校表现很好,受到同龄人的喜爱。但是,除了上学,她很少离开她的房间。最近,她总找借口不去参加诸如生日宴会、家庭聚会等社交活动。妈妈很担心杰西卡的社交发展会落后于她的同龄人，如果她不能立刻融入其中，她会渐渐失去朋友。但是，妈妈的任何鼓励都会导致杰西卡的反抗。

如果你的孩子也和杰西卡一样，你心中很可能有好几个目标，比如：

- 积极主动地与其他孩子交往
- 参加一些有组织的活动
- 每当要求孩子参加活动时，她都欣然同意

让我们来看看杰西卡的社交活动目标清单。

杰西卡社交活动清单

‖ 社区活动

- 拜访一个朋友（计划好的或者自发的）
- 邀请一个朋友过来玩

‖ 社交活动

- 出席必须的家庭活动和同龄人活动
- 发起并持续与同龄人的接触（通过电话、电子邮件）
- 邀请同龄人参与社交活动（每周至少两次）

‖ 课外活动

- 观察，然后参加有同龄人的娱乐活动
- 参加一次有组织的活动（例如运动、音乐或者俱乐部）

像伊莎贝尔一样（见第五章），杰西卡在禀性上也是属于慢热型的。同样地，她害怕主动与同龄小伙伴聊天，也害怕参加有组织的团体活动。这也

可以从伊莎贝尔的方案中获得启示。但是，杰西卡的社交焦虑仅仅是一种轻微障碍，因为她只是更喜欢独处的活动。

同时，杰西卡不喜欢任何形式的面对面活动，她认为那是对她隐私的侵犯。因此，杰西卡学到了一点：比起向朋友表达自己的观点，迁就他人来得更简单。尽管这种策略不是理想的，但确实有助于杰西卡立刻变得讨人喜欢。然而，在家的时候，她感觉到安全，还很倔强，妈妈要求她多参加社交活动，她对此不予理睬。这需要我们下一个指导原则：当心你的要求。

‖ 当心你的要求

对于杰西卡令人困惑的社交行为，妈妈很沮丧。当杰西卡的朋友打电话来的时候，她看起来很喜欢在电话中与她们聊天。在学校的时候，其他孩子都会聚集到她身边，她也会被邀请参加许许多多的聚会。那为什么杰西卡不愿意拿起电话打给她的朋友呢？为什么她要找借口不参加任何有组织的活动呢？

一方面，父母很庆幸杰西卡在学校学习很努力，她是个优秀的学生，因此他们很谨慎，不让她因为其他方面的问题承受压力。然而，在对待杰西卡的同伴关系上，父母意见不一。一方面，妈妈很担心在社交方面，杰西卡落后于她的同龄人，因为她独自待在家里的时间太长了；另一方面，爸爸自己就比较害羞，他非常希望杰西卡能像他那样在适当的时候"走出自己的小屋"。可杰西卡只是想独自一人待着。她认为自己有足够多的朋友，她想什么时候参加社交活动就什么时候参加。她不明白为什么妈妈一定要这样闯入她的世界。妈妈和杰西卡的观点都很有道理。

第一，妈妈的担忧是正确的，对于杰西卡来说，完全不合群是不利于身心健康发展的。假如杰西卡继续这么做的话，她会失去朋友。正如史蒂芬的爸爸没有逼迫他养成一种"杀手本能"那样（见第五章），杰西克的妈妈也不能迫使她活跃于社交活动中。第二，杰西卡也是对的，为了让她参加社交活动，她的妈妈给她施加了太大的压力，她的社交生活就如她的学校作业一样重要。第三，杰西卡的爸爸理解胆小害羞是什么，这个事实并不意味着他可以坐视不管，他也希望杰西卡更善于社交。毕竟，鉴于他自己的经历，在帮助她适应社交活动方面，他处于优势位置。平衡与妥协对于每个人都是必要的，让我们看一下父母是怎样开始帮助杰西卡更多地参与社交活动的。

积极主动（和反复）与其他孩子交往。 就像保罗一样，保护杰西卡的自我掌控感是非常重要的。如果她察觉到进行社交活动压力太大的话，她会变得厌恶社交活动，最终导致进一步的社交退缩。

设定一些合理的时限。 你是否想要给你的孩子提供一套方案，用来培养他的社交能力，又能够灵活促进她的独立意识的成长？对于以下的任务，让你的孩子渐渐承担起自己的那份责任，可以每个星期增加一项。一定要预先讨论你们的目标以及可以实现的期望。

1. 每周主动提出两次社交活动（电话、电子邮件或者面对面的谈话），其中一项必须是通过电话。这些活动纯粹是为交往打基础，内容可以是任何话题，比如，对家庭作业检查的一次要求，以此开始交谈，接着发展成为聊天，可以聊一些社会话题；比如一部孩子都看过的电影。记住，在电话录音里留下口信也是很重要的。要强调主动交流，而不是与他人交流互动的确切时间。

2. 同龄人的电话或者电子邮件要在四十八小时之内回复。尽管二十四小时可能更为理想，灵活做事更好。在方案开始的时候，给予他一两个提示还是有必要的。

3. 每周发出两次参加社交活动的邀请（通过电话、电子邮件或者面对面的谈话）。记住，是否有人应邀来玩或者拜访不是很重要。相反，你的孩子做出了努力，这才是重要的。随着时间的流逝，伙伴之间的联系自然会更频繁。当然，对两个不同的小伙伴发出邀请对她来说是很理想的，但是，一开始的时候，只要她做出努力，试图联系一个小伙伴就表现不错了。如果她的作业到周末的时候才完成，你不要惊讶——因为不安，她可能会拖延。不幸的是，这么做会破坏她和同龄人的相聚机会。不要被你的挫败感打败，只要设定一周中的最后期限，在期限内做出必要的安排就好。

4. 绘制进步的图表。创建一个图表，让你的孩子很容易记录她每天或者每周的社交行为。记住，如果你的孩子像杰西卡一样，比较顽固，那么你的任何鼓励都会被她看作是令人讨厌的唠叨，也会导致她更加不合群。允许你的孩子记录自己的进步可以消除她潜在的极力反抗，并且鼓励她社交独立。把这图表放在公共区，比如厨房，这样你就能毫不带侵犯地检查她对自己的监督行为。安排好一个你们双方一致同意的时间，可以在周末的时候来谈谈她所取得的进步，但是要避免太频繁地这么做，因为这有可能无意中破坏她所做出的努力。试着宽恕，强调她的局部成功——关注她正在做的事情（这些事已经超过她以前做的了）而不是她没有做的事情（比如，忘记记录或者放弃努力）。用奖励的办法改变她的行为，可以根据需要使用一些小奖品。

你现在已经设计了一种方案，用以帮助你的孩子活跃于社交活动中。

当她朝着这些目标取得进步的时候，她会认为你的行为已经没有以前那么具有侵犯性了。一旦她习惯于有规律地参加社交活动，你将处于更有利的地位，来帮助她完成下一个目标。

参加一些有组织的活动。 在你努力帮助孩子更频繁地参与社交活动时，你已经与她达成了相互理解（没有冲突），她知道这也是她需要做的事。通过设定另一个合理的限制，让我们继续帮助你的孩子进步。

挑选一项活动，任何一项都可以。 如果按照父母自己的意愿来要求的话，杰西卡每周会参加各种各样有组织的活动。然而，爸爸觉得应该由杰西卡来决定是否参加。父母背道而驰的观点传递给杰西卡的是含混不清的信息。杰西卡逃避问题也就不足为怪了。在他们做任何事情之前，爸爸需要共同来鼓励、支持并维持杰西卡参与有组织的活动，直至完成。

一旦你和你的伴侣达成这样一种协议，就和孩子召开家庭讨论会。列出一系列有益于健康的有组织的活动，尤其是她曾经感兴趣的群体活动更为适宜。如果她对这个提议过于抵制的话，那就要考虑一下比较侧重单人的课外活动（比如一对一的音乐课或者活动课）。为了维护她的自控力，让你的孩子自己做决定。什么也不做是不可以的，你要坚守这一点，同时，考虑到她的参与处于初级水平，你要灵活应变。当然，无论你如何继续，她都会抵制。做得如何就取决于她的禀性（顽固对抗被动），也取决于上次参加有组织的活动到现在的时间间隔。不要对她的情绪反应做任何回应，尽力塑造她的行为，给她设定一个合理的最后期限，这样她就可以自己做出决定。

改变心态。　假如杰西卡的妈妈迫使她参加一些有组织的活动，那么杰西卡会强行抵制或者变得更加不合群、退缩。相反，他们改变了心态，现在爸爸会带头帮助杰西卡去参与一些活动，考虑到他自己胆小、羞怯的性格及没有设定限制，父亲的指示就特别具有说服力，无形中告诉杰西卡：她的参与有着巨大的价值。不管怎样，在帮助他们的孩子变得更活跃于社交活动时，目标一致是很重要的。

当被要求参与时，能欣然同意。　要帮助你的孩子化解可能的反抗，及培养更多的合作，另一个策略就是证实她的顾虑。作为父母，你有权利对孩子设定一些限制。但是，面对这些限制，每一个孩子都渴望通过感觉来决定是否接受。你的孩子未必会喜欢，或者欣然地接受你的要求。如果她感受到被爱与被了解，她更可能进行合作。没有某种理由或者解释（例如，仅仅说："因为我是这么说的。"）便指望她服从你的愿望是行不通的。让我们来看看杰西卡的父母是如何让她勉强参加当地的足球联赛的，一旦足球成为她的选择，她便会去尝试：

妈　妈：我们知道你并不热衷于踢足球，但是你以前玩过，你的许多朋友都已经报名了，而且，你已经选择了这项运动。我们觉得你参加的话，对你有好处。

杰西卡：我并没有选择什么运动！是你们让我从那张单子上选的。再说，足球场上的人实在太多了。为什么你们就不能让我一个人待着？

爸　爸：我们理解，这并不是你最喜欢做的事。如果在足球比赛或者训练的时候，你觉得不舒服，那就做几次深呼吸。记住：我们已经说好的。我们很高兴你能去试一下。你是个很不错的足球运动员。

杰西卡：（长时间停顿，深深叹了口气）哦，好吧！不过，这是最后一次了！

像杰西卡这样的孩子，她的社交焦虑是轻度的，她还是拥有适当的社交技能，能成功地参与一些有组织的活动。尽管你的孩子缺乏兴趣，你可以帮助她更平衡地处理好最细微的焦虑，前提是你要采取统一、相互支持，并且坚定的立场。但是，如果你的孩子像乔治那样，而且还有很强的社交焦虑和社交退缩，那么情况就不一样了。

乔治：挥洒热情

正如你在第二章所了解的那样，乔治是一个轻度肥胖而且敏感的十五岁男孩，在学校，他很少与他的同龄人或者老师进行交流。在有考试或者集体发言的日子里，乔治总是不愿去上学。乔治一直抱怨很无聊、没有精神，他还经常头痛，注意力难以集中。最近，对于学校和同龄人，他变得更加悲观（"这么做有什么意义呀？"）。尽管有一群朋友，但是，对于社交活动，他几乎没有兴趣，也不再关心他的家庭作业了。乔治对以家庭为中心的活动也失去了兴趣。

父母想要乔治做到以下事情：

- 变得更有活力
- 对家庭、同龄人及学校活动表现出更多兴趣
- 发展一些社交接触

让我们来看看乔治的父母为他所定的目标，这些目标如下：

乔治的社交联系清单

‖ 学校和社会环境

- 和同龄人及老师交流
- 参加体育课
- 在学校使用卫生间
- 在考试的日子里上学
- 做一次口头或者集体陈述

‖ 社交活动

- 参加必须出席的家庭活动和同龄人活动
- 开始和同龄人交往,并和他们进行互动

和贝丝(表现焦虑)、保罗(社交恐惧)及杰西卡(缺少社交主动性)一样,乔治也经历了许多同样的社交问题。为了帮助这些孩子,我们专门设计了许多策略,乔治也从中受益许多。但是与其他孩子不一样,乔治更加不爱交际。他悲观的态度、不健康的饮食习惯以及做任何事情的兴趣都有限,这些都给他父母传递着重要的信息。为了让乔治重归正轨,在努力帮助他更多地接触社会之前,他的父母需要注意一项重要的指导原则:留意你孩子的信号。

‖ 留意你孩子的信号

父母需要更多地参与到乔治的生活中去——这样,才可以就他的行为方式进行交流。他们缺少参与并不是他们本身的错,可能原因有很多。父母双方必须全程参与,他们期望着乔治能承担更多的责任——作业和社交乐趣的责任。另外，乔治不爱交际，这意味着他们并不经常要求或者鼓励他定期与家人联系及培养亲密的情感。最重要的是识别不爱交际或抑郁的迹象，这并不简单。这些都会由无精打采、没有食欲和睡眠问题以及一些身体病痛而体现出来，而不是通过悲伤、哭泣等更多预期的症状表现出来。这些身体特征经常被忽视，并没有被看做是不爱交际或抑郁的特点。

在青春期，一些认知症状，比如消极想法、内疚或者感情上的不足更可能出现，这个事实使得识别乔治的抑郁和不爱交际变得非常困难。然而，由于社会观念的转变（从父母到同龄人）以及在这个年龄对隐私和独立性的更大的需求，父母经常被遗弃在黑暗中。像许多父母一样，父母已经看到了乔治越来越悲观的态度，以及在家庭聚会中的退缩现象，这些也都是即将到来的青春期的迹象。

有的时候，对于父母来说，青少年的成绩、饮食习惯和睡眠类型很难区分出来，因为什么是正常的，什么是不正常的，并不总是很清楚。直到学期末的时候，大部分的父母才意识到他们孩子的学习成绩在下滑。考虑到一直以来乔治优秀的学习成绩，父母没有理由期待除了好成绩之外的任何东西了。他们也没有充分意识到乔治的营养问题（忘记吃饭及晚上吃宵夜），仅仅把他的饮食习惯归因于"挑食"。然而，他们开始担忧他超重了，已经考虑要向营养学家请教。同样地，他们也在担心：乔治"一直很累"，但是，很大程度上他们将他无精打采归因于他经常下午小睡，觉得他应该养成一个更有规律的睡眠习惯。

父母需要更留意乔治的信号——例如：他是如何传达他的悲伤和不爱交际的。但是，在他们那么做之前，他们需要带他进行一次体检，为的是确定他无精打采、饮食问题和睡眠不规律并不是由于身体疾病所致。

为了帮助乔治，父母如何才能完成他们的目标？在我们继续这个话题之前，还有一个问题我们需要考虑。让我们花点时间来思考一下抑郁的一些迹象，这些迹象乔治看起来并未表现出来：无助、内疚或者想到死亡，他没有对此发表观点。如果你不爱交际或者抑郁的孩子正在表达任何这样的想法，或者，如果你很担心，不能解释出为什么的话，请立刻翻到第九章，来了解在试图独自处理你孩子的症状之前，是否应该联系一位专家。

现在，让我们来看看父母是如何帮助乔治变得更精力充沛、感觉更好，以及积极开始一些社交联系的。

更充满活力。 做到这点很重要的一步就是拥有足够的精力。无精打采很大程度上会影响孩子的心情、积极性及维持社交联系的能力。在我们假定这是一种情绪化的无精打采之前，我们需要仔细观察任何导致这种身体因素的影响，例如：无规律的睡眠、缺少锻炼或不健康的饮食习惯。

养成好的睡眠习惯。 在几天或者几个星期之中，回想一下最近一次你入睡困难的时间。你在家或者在工作的时候状态如何？你可能很生气，没有耐心，也无法集中精力。如果我们要在最佳状态工作的话，我们需要睡眠。一般青少年需要九个小时的睡眠。白天嗜睡起源于不规律或者不充分的睡眠，与心情不好、易怒、发脾气及注意力不能集中有关。疲劳、情绪化、瞌睡和焦虑这样一个恶性循环是很容易形成的。由于白天长时间的小憩及晚上经常醒来，乔治的睡眠规律就这样被破坏了。

对于乔治来说，他要注意的第一件事就是养成一个有规律的睡醒周期。父母为乔治上床睡觉的时间作了合理的限定。如果你的孩子比较顽固，对强迫的睡觉时间抵触很大，那么多关注些早晨必须做的一些事。例如，为了帮助维持乔治的自我控制感，父母决定灵活应对他的睡觉时间，只要乔治在早上能毫不费力地醒来，准时上学。更重要的是，通过逐步减少下午小憩的频率和时间，他们取消了乔治的下午小憩，这样，乔治能撑整个下午，并且晚上能更早上床睡觉。一旦你孩子的小憩时间没有了，用图表标注她的进步，记录她每晚睡觉的大体时间、晚上醒来的频率和时间及整个晚上她入睡的次数（每周）。在两星期内，即使没有明显的进步，她的焦虑和情绪也可能得到最大缓解。假如这样的话，你需要制订一个更有条理的夜间入睡常规，全家都会受益于此。

乔治的父母发现：他们需要花点时间陪着乔治，但是，更重要的是，他们需要倾听他悲伤和焦虑的心声。基于这个原因，每天晚饭后（家庭作业完成之后），他们都会进行公开的家庭讨论会，每个人都有一次机会来发泄挫败感、烦恼、消极想法和哀伤，没有人会指责或者批评他。家庭成员仅仅是倾听、认可或者证实对方的担忧。正如你所想到的那样，这对于乔治来说不容易，因此，父母带头，倾诉了他们自己的担忧，他们知道乔治也愿意加入。如果你建立了这样的讨论会，一旦你的孩子发泄了她的情感，晚上剩下的时间就会被用来做一些其他的活动，而且是感觉放松的（泡个澡或者冲个淋浴，练习一下呼吸或者放松训练），也可能是令人愉快的消遣活动（听听音乐或者阅读）。避免一些过于刺激的活动，比如玩电子游戏或者看电视。

缺乏运动和不规则的睡眠一样，也会引起疲劳。大约15%的儿童和青少年过度肥胖，缺少锻炼是一个很重要的影响因素。不锻炼的青少年估计是在电脑前花的时间太多了，或者玩电子游戏，或者看电视。定期锻炼对心情、态度、睡眠以及处理压力的能力有积极的影响。事实上，研究表明，经常运动的青少年不觉得孤单、害羞及无助。

定期锻炼。 乔治的父母自己也超重，他们知道把运动作为一种养生之道是全家人的事。因此，他们全家都加入了当地的一家健身俱乐部。起初，乔治不愿意去，他害怕被他的同龄小伙伴认出来，也对自己的体重感到尴尬。但是，他确实答应和父母一起做健走运动，每星期三次。如果有必要，你可以考虑奖励，以促使你的孩子开始锻炼。一旦乔治觉得自己的承受力还可以，同意利用业余时间去参加私人训练培训课程，最终，他就会经常自己去体育馆了。

乔治还报名参加了私人网球课程和游泳课程。让你的孩子参加一种低压力、以团队为中心的娱乐活动，比如足球、篮球、远足或者骑单车，使有规律的锻炼成为你家人生活方式中的重要一部分。这么做会减小压力、增强你孩子的体质和自尊，同时从整体上提升家人的幸福感。

除了充足的睡眠和有规律的锻炼之外，平衡的饮食也是你孩子健康计划中的重要一部分。因为我们繁忙的生活方式，有的时候，我们会忘记吃饭，或者吃一些不健康的食物。经常这么做很容易扰乱我们的心情、体能和集中注意力的能力，同时，也会增肥。由于经常不吃早饭和午饭，晚上还要吃甜的零食，不知不觉中，乔治的血糖平衡遭到了严重的破坏，使得他在白天的时候，总是觉得疲劳、虚弱且容易生气，晚上又过度警觉。乔治的饮食严重需要调节。

吃健康食物。 对于乔治的父母来说，帮助他们的儿子养成一个健康的饮食习惯是另一种倾听他信号的方式。在白天的时候，由于身体的不舒服（对于学校的社交焦虑）或者没有食欲（抑郁的心情），乔治不肯吃饭或者对食物很挑剔。因此，随着他们的家庭讨论会的展开，他们优先考虑早饭和晚饭的事。这些饭菜需要变得可口，成为用来分享新闻、想法和活动的有利时机，同时也确保全家人的健康的饮食习惯。另外，在晚饭后清理完饭桌，妈妈会帮助乔治准备第二天好吃而又健康的午餐。

当然，最困难的任务是根除乔治晚上吃零食的习惯。因为在半夜的时候，父母经常处于沉睡状态，无法监督乔治的夜间进食，父母决定限制家中不健康的零食，用更健康的选择来代替，比如水果和全谷物食品。正如你所想到的那样，乔治对这个想法感到很心烦，因为他很喜欢吃零食。父母咨询了营养学家，最终以较灵活的方式来计划乔治每天的食谱。如果你的孩子超重的话，寻求营养学家的帮助是一个很不错的主意，作为一个附加的好处，就是能化解父母和孩子之间关于不健康食物的争执。有些孩子容易形成饮食失调，比如厌食症和易饥症儿童或青少年尤其如此（如果你担心你的孩子会饮食失调，立刻联系孩子的内科医生，或者你所在地的饮食紊乱专家，这很重要）。

一旦你的孩子有更多的精力了，你就可以帮助他完成下一个目标。

对家人、同龄人和学校活动感兴趣。 在这个时候，你的孩子可能认为自己现在有些精力了，真正开始考虑参与家人、同龄人和学校活动。但是，问题是他或许会悲观、沮丧（"这有什么意义？"她可能会说）。对于自己、他人和环境，不爱交际和抑郁的年轻人倾向于消极的思考方式。焦虑的年轻人同时具有积极和消极的想法，而抑郁的年轻人经常缺少积极的想法，这是另一个认知曲解，人们误认为积极就不需要考虑了，所以消极保留了下来，而且被看作一种个人不足的反应。这么想的话抑郁和自卑就会滋长。

再归因。 通过不把失败归因于个人，以更积极、中立或者正确的方式来评估周围的环境，帮助你的孩子学会更乐观地对待失败。当乔治在考试的日子里拒绝去上学的时候，他妈妈便使用下面的一些再归因技巧。

> 过于个人化和不准确的理解→威胁自尊

乔治：我今天不去上学。上次，我很紧张，都没有完成考试。何必麻烦呢？反正我就是个失败者。

> 再归因于不明显的内因和外因

妈妈：为什么你没有完成考试？
乔治：我整个晚上都没睡。
妈妈：那就使你成为失败者了？
乔治：（叹气）不，我只是很累。

> 过于笼统和不准确的解释→促成失败在不同情境中发生

乔治：可是妈妈，你知道吗？无论什么时候只要有人在场，我就无法集中注意力。这对我来说太难了。

> **再归因于一系列更具体的情况**

妈妈：我知道你很紧张，考试的时候你真的无法集中注意力吗？

乔治：（看起来很惊讶）我觉得是这样的……

妈妈：那在这个记分段，你最低的分数是多少？

乔治：（轻轻说）92。

妈妈：考试的时候，其他人在场，你能集中注意力吗？

乔治：我应该可以。（微微一笑）

妈妈：对你来说真的很难吗？

乔治：我猜不是的，但是在其他人面前，我确实说不出话来。

> **过于刻板和不准确的解释→没有提高的空间**

乔治：我再也不会做口头介绍了。我不会再那样做了。

> **再归因于未来更乐观的结果**

妈妈：你的提示卡丢了多少次？

乔治：一次。

妈妈：你找回来了吗？

乔治：是的……

妈妈：其他的学生原谅你了吗？

乔治：……（叹气，点头）

妈妈：你应该对自己说什么？

乔治：下次我尽力做好。

计划好愉快的事情。　　一旦你的孩子精力充沛，正以一种更乐观的方式思考，而且开始参与一些以家庭为中心的活动，那你就可以帮助她计划一些愉快的事情。我们需要接触一些愉快的情境，这是我们对抗被动行为、社交退缩和抑郁最有利的武器。愉快的事情能够分散我们的注意力，不仅可以改善我们的心情，还可以把负面情绪阻挡在外。

乔治已经开始和他的妈妈一起散步、去健身房、偶尔参加家庭集体外出。即使他感觉好多了，但仍然把这些事看成是强制的，很少表现出对此感兴趣，主动参与性不强。因此，乔治的父母尽量使事情简单化，每周至少计划一次活动，而这个活动也是乔治曾经觉得很享受的。考虑到他的社交恐惧症，最初的清单非常短，其中包括在业余时间参观图书馆、书店和模型店。

在为你的孩子（儿童或青少年）计划愉快的事情的时候，一定不要使她受打击。你的目标是帮助她唤起对合她心意的事情的兴趣，但更重要的是，引导她远离那些孤立的、静态的活动，比如看电视或玩电子游戏，因为这些活动会导致她进一步的社交回避。当你决定活动的频率及强度时，要始终考虑她社交焦虑和不爱交际的程度。在活动前、活动中及活动后，你都要帮助她确定这种情景下的积极面，比如，不管多么地微不足道，你都要说一些令人愉快的话。有规律的、积极的自我暗示（例如："我玩得很开心"，"天气不错"）将会抵消和最小化负面评价（例如："没什么好玩的"和"真是浪费时间"），而这些负面评价会促成抑郁和社交退缩。

乔治的父母也利用能增强能力的一些活动，来帮助保护乔治的自我价值感。他们依次和乔治玩游戏，选择那些他们擅长的游戏，比如国际象棋和双陆棋。这么做不仅创设了更多的家庭聚会时间，而且有助于乔治有一种掌控感和幸福感。

发展社交联系。 一旦你的孩子达到了最初两个目标，你就可以帮助她主动参加社交活动。但是，如果你的孩子有着强烈的社交焦虑、退缩或抑郁的特点，像乔治那样，你最好第一步就是帮助她开展社交方面的接触，而不是立刻致力于社交邀请。要坚决，但是一定要保护好她的掌控感，正如你实施帮助杰西卡的方案时那样（该方案在本章开头就已经做了描述）。

牢牢记住：你的孩子很可能不爱交际已经有一段时间了，她需要冒着一定的风险进入社会，而且这一进程是非常缓慢的。因此，有了你的爱和支持，她能渐渐对他人感兴趣，变得越来越活跃于社交活动中，并学会以更乐观的方式进行思考。

概述

在这一章，我们通过逐步的计划，已经引导你了解了不爱交际的主要表现形式。在第七章和第八章，我们将再来看看现实事例中的孩子，这些孩子除了表现出社交焦虑和不爱交际之外，他们还有着潜在的神经系统的一些问题，这也就导致他们更易于被同龄小伙伴忽视或者拒绝。在第七章，我们将关注一些更可能被忽视的孩子，而在第八章，我们将论述那些更可能被拒绝甚至被欺负的孩子。现在让我们开始第七章，在这一章，我们将阐明如何来帮助你的孩子变得不容易受伤害，而且更能胜任社交活动，在现实生活事例中出现的是拉尔夫和特蕾西以及他们的父母。

第七章

当你的孩子处于社交弱势、被忽视时,怎么办

本章目标

在本章中,你将学会:

■ 一些指导性原则,以帮助孩子更加胜任社交活动

■ 根据孩子特殊的社交需求,正确实施一个循序渐进的方案

■ 具体的应对策略,来处理可能导致同龄人忽视的社交弱势

因为存在社交焦虑或不爱交际的情况，很多社交弱势的孩子往往都在痛苦地挣扎着。他们除了存在社交困难之外，也在忍受神经系统方面的问题。多种症状的结合经常会导致孩子不良的行为或不好的性格特点，进而使他们与其他孩子疏远，使自己在社交中处于更弱势的地位。

在本章中，我们的目标是帮助你确定孩子的特殊社交需求（比如：变得更有包容心或责任心），同时辅以技巧方面的指导性策略，帮助他弥补这些不足。我们将会以拉尔夫和特蕾西为例，引导你熟悉社交弱势的主要表现形式，也就是导致被同龄人忽视的社交弱势的原因。在第八章，我们将会关注社交弱势的少年，因为他们往往更容易被同龄人排斥。让我们从拉尔夫和他的父母开始吧。

拉尔夫：学会容忍

正如你在第二章和第三章中了解的那样，拉尔夫是一个敏感的十一岁男孩，严肃且易怒，他没有看到自己在消极的情境中所扮演的角色，也没有将任何事看成是自己的过错（"我没有做错任何事情"），相反，他认为其他人都是不怀好意的。他的父母经常与他起冲突——很多时候只是因为极小的事情——这样的冲突往往以他宣称父母讨厌自己而结束。父母只是希望拉尔夫能轻松一些，尝试着去参与一些社交活动。看了拉尔夫社交弱势检查表的结果（见第三章），父母为拉尔夫选择了以下目标：

拉尔夫获得主动权的目标

- 养成更好的态度
- 愿意承担自己的责任

正如现实生活事例中的其他人一样，我们首要的目标是帮助拉尔夫能更活跃于社交活动当中，并获得成功。但是，除了他的社交焦虑和不爱交际之外，拉尔夫还要应对一些潜在的神经系统方面的问题（现实的学习挑战），这对他来说就意味着实现目标更困难，而且会使他更易被同龄人忽视。为了提高他的社交成功率，拉尔夫首要做的就是学会如何更清楚地意识到自己的行为是怎样影响他人的。自然，在父母着手帮助他的时候，需要考虑他在学习方面所付出的努力，还要遵循一条重要的指导原则：留意一下孩子的负担。

‖ 留意你孩子的负担

拉尔夫的父母对于他过度消极的态度和行为感到沮丧，这一点很正常。他妈妈谈道："在做过的任何事中，拉尔夫总能找到一些消极的东西。他抱怨说家庭作业太多、学校的孩子太过分，还说我们都讨厌他。我真的希望他不再那样说；那是不正确的。我真理解不了。我们竭尽全力去讨好他，但是每次都会起冲突。拉尔夫看起来不喜欢我们为他做的任何事情，但每次我们实在太忙而无法帮助他的时候，他却牢记于心。为了让他高兴，可能我们做的有点多了，但是我觉得整天坐着无所事事或者看看电视，这样是不健康的。他什么也不想做，他要么说太累，要么说身体不舒服。"

爸爸赞同："我一直想帮助拉尔夫成为一名很好的高尔夫球手，但是他不愿意接受我的建议，而最近他宁可待在家里，也不愿意出去。无论什么时候，我建议他做点什么事，他总告诉我说他讨厌那样做。他总是说'我没有做错任何事'，有的时候很明显就是他错了，他也这么说，这让我很烦恼。他从来没有想过是他的错。他就是做不到，所以其他孩子都开始注意他了。他总是看起来像吃不到葡萄便说葡萄酸的人。他原本是个可爱的孩子，应该有朋友的。我希望他能够更包容些。"

父母是对的——拉尔夫不容易相处，但那不是他的错。他不是故意过于刻板和难以相处的。因为他学习上存在困难，他很难理解和解释某种类型的口头语言（比如挖苦），他也看不懂非言语（社交）的暗示。他好像漫无目的地徘徊在一个陌生的国度，他没有路线图，也没有该国语言的一点点知识。换句话说，他完全迷路了。尽力去理解他的世界是令人沮丧的，也是非常不容易的。这也是他过度消极和疲劳的原因之一。另一个原因就是他在两种认知扭曲中痛苦地挣扎着，不仅如此，他还存在着消极过滤和过高评价的问题。

拉尔夫的消极过滤导致他往往会关注情境或者事件的负面特征。他习惯性的过高评价让他无法参与到一些活动中去，因为在他心里，不愉快的结果都是可能发生的，而事实上并非如此。如果你的孩子也和拉尔夫一样，那么最重要的，就是教会他接受并理解自己的负担，这也是他学习中存在的问题所带来的后果。这么做的话，你就能清除自己怨恨的心情，而孩子的行为看起来也不是那么故意了。让我们来看看父母是怎样实现为拉尔夫制订的目标的。

培养一种更好的态度。 帮助拉尔夫养成一种更好的态度，第一步就是教会他如何更准确地理解他人的肢体语言，比如面部表情或者姿势。

理解他人的肢体语言。 我们的面部表情和身体姿势传递着大量关于我们的想法、情感和情绪的信息。但是面部表情是很微妙的，很容易被误解，这就导致很多场合的误解或者更糟的情况，比如打扑克。在打扑克的过程中，理解非言语信号是很重要的技能，优秀的扑克选手都是很擅长读懂他人的肢体语言的。例如，脸部运动像舔嘴巴、张开鼻孔、轻抚面孔或者有规律地反复敲桌子，都会给他人以暗示。经常猜错他人意思的代价是很高的。当孩子们误解同伴或者家庭成员的肢体语言的时候，对他们来说也是一样的。例如：当拉尔夫看着妈妈的脸，他发现她有着不明确的表情（既不高兴也不悲伤），他就经常认为这是她对自己很生气。尽管她不断地告诉拉尔夫："那就是我的面部表情"，但是拉尔夫还是会下意识地认为她很心烦。对于他的同龄人也是这样。当拉尔夫带着友善的面部表情问候他们时，他们没有立刻作出反应，拉尔夫很快就会退缩了。他的自我关注让他期待他人立刻停下他们自己正在忙的事并关注他。正如下面的例子，妈妈正在厨房接听电话，此刻拉尔夫走进来，希望引起她的注意：

拉尔夫：妈妈……（举起他的家庭作业）

妈　妈：……（脸上带着自然的表情，竖起她的食指，"嘘"的意思）

拉尔夫：妈妈……（开始不耐烦）

妈　妈：拉尔夫，我在打电话呢（努力保持正常的表情）。

拉尔夫：你讨厌我！（冲出房间）

如果你的孩子表现得像拉尔夫一样，他可能对你感到心烦已有一段时日了，或者已经抱有怨恨的情感了。一旦孩子冷静下来，你要通过一些有依据的问题，来澄清他对这种场景的理解，这一点很重要，正如以下例子中做的那样：

妈　妈：拉尔夫，你刚刚说我讨厌你？

拉尔夫：（摇头）不全是……但是你确实讨厌我。

妈　妈：为什么你认为我对你非常生气？

拉尔夫：你对我大吼大叫了。

妈　妈：（看起来很惊讶）你说什么？

拉尔夫：我不知道（气鼓鼓的样子）。

妈　妈：我认为我只是说"我在打电话"。

拉尔夫：你是故意的……

妈　妈：只是因为我没有挂断电话？

拉尔夫：……（耸耸肩）

妈　妈：这是我的脸吗？

拉尔夫：……（点点头）

妈　妈：我经常对你说什么？

拉尔夫：［叹了口气］这只是你的脸。

妈　妈：是不是我对你很生气的意思？

拉尔夫：我猜不是的。

为了避免可能存在的误解，拉尔夫需要能够更好地理解面部表情和身体姿势所表达的意思。通过我们的五步法，他可以做到这一点。这种方法部分是来自理查德·拉夫瓦（Richard Lavoie）及斯蒂夫·诺维茨基（Stephen Nowicki）和马歇尔·杜克（Marshall Duke）的理念和策略。

1. 设计两套口袋大小的学习卡片（一套给父母，另一套给孩子），卡片上写着一些普通的情感状态，这些情感状态也是孩子经常经历的状态，例如生气、害怕、悲伤、害羞、消极、快乐、疲劳等等。对于每种情感，加上至少两张卡片来呈现这种情感的微妙变化（例如：对于生气，你可以准备写着恼怒和烦躁不安的两张卡片；对于害怕，你可以准备写着担心和紧张不安的两张卡片）。每张卡片的背后都有一张有面部表情的图片，用来描述这种情感。图片可以来自漫画书、杂志、家庭合影、情感图表，或者任何一个家庭成员的作品画。记住一定要让孩子参与这个过程。

2. 培养观察力。使用学习卡片，和你的孩子玩"情感猜猜猜"的游戏。每个人轮流十次机会，举起一张卡片，看看孩子是否能认出图片中所表达的情感。每天都玩这个游戏，直到孩子至少有50%的准确率。当然，如果他实现了这个目标，你可以考虑给予他奖励。然后每星期至少玩一次或者两次，直到你的孩子能有75%的准确率。帮助孩子培养观察力，观察明显的面部表情和手势，还可以观看一些家庭类的电视节目或者电影，也可以是家庭活动的录像，当然，都要把声音关掉。漫画尤其有用，因为漫画中的肢体语言往往被夸大化了。同样，在家庭聚会时所拍的录像，比如生日聚会，也可以帮助孩子再次回顾一下他们的表情，特别是在和任何兄弟姐妹或者同龄人之间发生争吵时他们的表情。

3. 理解社交提示。通过扮演电视节目和电影中最喜爱的角色，要求孩子猜出这是哪个角色。你可以采取进一步的措施，考虑一下以一种诙谐的方式模仿他人。如果你的孩子过分敏感，先让你家里的其他人员来模仿你，例如，可以这么说："妈妈看上去像什么？"

或者"她什么时候会生气呢?"重要的是,这么做可以帮助他将面部表情和手势与情感联系起来。(这个时候你就要依据自己的判断,来断定孩子是否能容忍最先被模仿,然后,你要努力去帮助他接受被他人模仿,哪怕是简单地模仿一下。让孩子学会嘲笑自己,这么做会让他过于严肃的禀性趋于平缓,而且异常有效。)

4. 掌握观察力。要求他参加家庭外出活动,比如在公园、饭店或者购物商场的家庭聚会,这有助于你的孩子在现实生活中练习观察他人的能力,并提示他关注夫妻、成群的孩子和单个的同龄人。尤其要在一些相关情景中去观察,比如:正在愉快交谈的人们、在相互争论的人们、处于安静状态下或者有竞争性的游戏中的儿童或者成人以及被忽视的某个人。询问他一些相关的问题,并鼓励他设计一些故事来说明每种情景中的情况。必要的话,你要随身携带学习卡,和他玩"情感猜猜猜"的游戏,来帮助他有效地描述自然状态下他人的情感。

5. 在情景中作出决定。随着孩子越来越擅长观察及对社交提示的理解,你需要帮助他在对他人准确判断的基础上作出适当的决定。例如:在饭店的时候,提示他关注侍者的服务。当侍者离开你们的饭桌时,鼓励他对服务的整体水平作出评价,是非常好、优良、一般还是差劲(但一定要确保你的孩子理解一点:这次讨论可能使侍者面临尴尬,或者使他的同事觉得不舒服,因此需要小声地讨论)。下一步(悄悄地!),帮助证实他的评价,以侍者的态度、及时性或者礼貌水平为基础,尽全力帮助孩子把思想集中于侍者的服务行为(而不是关注食物的质量)。你可以利用饭店提供的反馈卡来完成这一点。类似的训练还包括：评价修理工的服务水平（在你家里）、评价兄弟姐妹玩耍的质量或者家庭活动的结果。

理解语音语调。 一旦你的孩子能较好地理解面部表情和手势，下一步要做的就是帮助他理解语音语调，因为这是他人情感的一种指标。举个例子，对于像拉尔夫这样比较顽固的孩子来说，任何要求——如"做家庭作业""打扫自己的房间"或者"刷牙"——都可能被看作是一种干涉，从而引发冲突。首先，你的要求要以一种比较平缓、平静的语气来传达。然而，随着时间的流逝，因为孩子拒绝与你配合，你的声调很自然地会越来越高，这会让他越来越紧张。他会把你的声调理解成你生气了，因此他往往会回应"你脾气很坏"或者"你讨厌我"。但是，事实上，你的声调与他的理解几乎没有什么关系。要是有的话，本来很可能是他对你很生气，却把你的语音语调与你对他很生气的样子相联系起来了。本质上，你需要帮助孩子"忘却"他对于声调的联想，更多地关注情景。拉尔夫需要知道"无表情的脸"（自然表情）是中性的，没有掺杂任何特殊的情感。他还需要理解的是，声调也很微妙，并且不那么可靠，当理解他人情感的时候，应该谨慎使用语音语调作为判断依据。在接下来的例子中，妈妈试图帮助拉尔夫放下那些对声调的不恰当的联想。

1. 说话温柔。当要求你的孩子做一些杂事的时候，要对他轻声并礼貌地说话。起初，他可能有点不理解，正如以下所描述的那样：

妈　　妈：（说话轻柔）拉尔夫，能不能帮我收拾一下桌子？

拉尔夫：（看起来很困惑）我过会儿再去。

妈　　妈：（轻柔地说）请现在就帮我吧。

拉尔夫：……（看起来有点不安）

　　妈　妈：我生你的气了吗？

　　拉尔夫：……（摇摇头）

　　妈　妈：我让你做什么呀？

　　拉尔夫：让我去收拾一下桌子……

　　妈　妈：可以吗？

　　拉尔夫：……（点点头）

在这个例子中，没有出现造成误解的语音语调。拉尔夫已经明白了，妈妈没有生他的气，只是她要他去帮忙完成一件事而已。帮助你的孩子理解高音量的语调和生气的语调是不一样的，这一点非常重要。

2. 提高你的声音。正如以下所描述的，当要求你的孩子参加一些愉快的活动时，尝试使用一种较高的语调。

　　妈　妈：（说话很大声）拉尔夫，你今天想去看电影吗？

　　拉尔夫：（微微一笑）是的，想去。

　　妈　妈：我生你的气了吗？

　　拉尔夫：（看起来很惊讶）没有啊……

　　妈　妈：但是我说话声音很高。

　　拉尔夫：……（耸耸肩）

　　妈　妈：说话声音高是不是意味着我对你很生气？

　　拉尔夫：（看起来很困惑）我觉得不是。

这种理念要求你不断练习这种情境，直到孩子不再机械地认为你对他很生气为止。例如：在回答问题之前，他可能会犹豫一下。下一步要做的就是：当你要求他承担责任的时候，将你的声音提高一些。一定要问他"我对你很生气吗？"来帮助他理解你只是希望他配合你。（让你的孩子配合是另一件事，这种做法会在第八章里详细阐述，那时我们将讨论艾拉和他的父母——贺拉斯和丽娜的故事。）

理解他人的行为。 如果你的孩子和拉尔夫一样，他无论走到哪里，都可能习惯性地生气，觉得每个人都很难相处。这部分原因就是他欠缺读懂他人肢体语言和语音语调的能力。他也可能会误解他人的行为，最终导致他退缩。你要问他一些有一定根据的问题，以及一些能帮助他更准确地解释一些与同龄人有关的事情。正如我们下面描述的拉尔夫和他爸爸的谈话一样：

爸　爸：拉尔夫，你在生日聚会上玩得开心吗？

拉尔夫：（痛苦的样子）不……每个人都很难相处。

爸　爸：（看起来很惊讶）但我去那接你的时候，你看起来正玩得开心呢。

拉尔夫：（摇头）这是我参加过的最糟糕的聚会了。

如果谈话到此就结束的话，拉尔夫就会记住"每个人都很难相处"，他会一直记得在聚会上他很不开心。这样一种评价会更加强化他喜欢过高估计事物的倾向，使他进一步参加聚会的可能性明显下降。我们要做的第一步就是消除误解。

1. 澄清误解

爸　爸：对你来说谁最难相处？

拉尔夫：（快要哭了）每个人。

爸　爸：哪个孩子？

拉尔夫：……（耸耸肩）

爸　爸：能告诉我名字吗？

拉尔夫：（犹豫不决）汤米……

爸　爸：汤米？真的？他是你最好的朋友呀。

拉尔夫：不，不再是了。我绝不会再和他一起玩了。

爸　爸：他说了什么难听的话吗？

拉尔夫：……（摇摇头）

爸　爸：那他做了什么讨厌的事吗？

拉尔夫：他不愿意和我一起玩。

爸　爸：我有点不明白。我去接你的时候，你看起来玩得正开心……

拉尔夫：……（叹气，低着头）

爸　爸：你是说聚会一开始的时候？

拉尔夫：……（点点头）

　　拉尔夫和其他有学习问题的孩子一样，对于他的同龄小伙伴应该如何表现有着过度硬性的期待。因为他存在消极过滤，且很难理解其他人的行为，因此每当他的小伙伴表现得和自己的期待不一样的时候，他就表现得过于在乎了。（"应该"的状态本身也是认知曲解，对他们来说没有真相可言。例如：当我们说"我本应该有更多的钱"，这句话的意思是"我想有更多的钱"。这些陈述使我们失望，因为它们并非现实。）

　　因为他不正确的"应该"假定，拉尔夫经常在内心觉得被自己的同龄人排斥。因此，我们下一步要做的就是帮助他理解被动与主动被同龄人排斥之间的区别。我们继续拉尔夫与他爸爸之间的对话：

2. 解释被动被同龄人排斥和主动被同龄人排斥。

爸　爸：你到那里的时候，汤米是不是正在和其他孩子一起玩？

拉尔夫：……（点头）

爸　爸：你是不是希望他立刻不和其他孩子玩，然后和你一起玩？

拉尔夫：（点头）他是我最好的朋友呀。

爸　爸：我知道，但是如果他直接离开其他孩子，那他们会怎么想？

拉尔夫：糟透了。

爸　爸：那就对了。汤米真的很难相处吗？

拉尔夫：……（耸耸肩）

爸　爸：我知道你很失望，因为他没有立刻和你打招呼，你觉得被冷落了，但是汤米当时正和其他孩子一起玩呢。很难相处是指别的孩子侮辱你或者拒绝和你一起玩。这样的情况发生了吗？

拉尔夫：……（摇摇头）

爸　爸：下一次觉得被冷落了，你怎么做？

拉尔夫：过去和他们搭话。

爸　爸：我觉得听起来不错。你和汤米还是好朋友吗？

拉尔夫：……（勉强点点头）

如果你的孩子正在经历这些问题，而且还缺少自信，那就帮助他锻炼以非言语的方式参与到活动中去，然后再加以对话技能方面的训练，就像第五章中对伊莎贝尔问题的建议那样。这么做会重新确立孩子的信心，帮助他维持积极的社交互动。

为自己的行为负责。 因为学习上存在的问题和认知曲解，拉尔夫错误地认为他的同龄小伙伴在排斥他。他仍然不能理解的就是：他自己的行为是如何对他人产生消极影响的。有趣的是，拉尔夫的小伙伴们很少对他要求刻薄，但是他经常疏远他们，还伴随着不高兴的面部表情、过于消极的言语和对各种疼痛的抱怨。如果你的孩子像拉尔夫一样很难理解他自己的行为所带来的影响，该是时候帮助他"看看自己的样子"了。

照镜子。 正如你所了解的那样，拉尔夫很难隐藏自己的情感。而且，因为他容易习惯性地生气，他不高兴的面部表情（双眼怒视和嘴唇紧抿）总是很明显。他的小伙伴们可能认为拉尔夫对他们很生气，但是他们却经常不知道是什么原因。当然，如果向他说明这个问题，他会非常气恼。在他心里，没有什么事情是他的错。如果你的孩子也和拉尔夫一样，那他的思维方式可能是很特殊的。因此，对于他的表现，婉言相劝或者建议都可能成为他抱怨的直接原因。所以，要尽可能使你的建议真实和直观。

通过让他照镜子，妈妈帮助拉尔夫意识到自己不高兴时的表情。你应该可以想象得到，他会拒绝去改变自己的表情。所以为了使他更容易接受，他们都面带更友好、更放松的表情。在公共场合，妈妈会悄悄说"面孔"，从而提示拉尔夫改变他不高兴的表情。为了帮助拉尔夫有更强的掌控感，妈妈让他通过小声说"微笑"反过来提示自己。

我们发现在很自然的社交场合中，将你孩子的面部表情录下来或者用相机拍下来特别有帮助。不要直接告诉他，而通过展示他脸上满是生气的表情（或者其他不愉快的表情），这样可以防止发生冲突。

不要说出来。 除了不友好的面部表情之外，拉尔夫还需要缩短他消极谈话的时间。我们经常告诉年轻的客户:"你可以去想任何你想要的东西,但是对于你要说的话,一定要谨慎。"通过"那听起来很消极"这句话来提示孩子,帮助他意识到自己的消极性。另外,通过录像或者录音带及时反馈给他。跟他讨论他是如何遇到那些情况的,帮助他慢慢意识到:观看或者倾听他人的消极表现和声音是多么的令人不愉快。下一步就是要解释抱怨和表达不满之间的区别。要强调一点:抱怨通常会涉及强有力的语调,比如生气或者厌恶。使用富有情感的词汇,传递着强烈的厌恶,例如:"厌恶""憎恨"或者"讨厌"。

更好地表达。 和你的孩子进行角色扮演的游戏,轮流抱怨,然后互相给予反馈。通过你的肢体语言(展现一个表情)展示给他看:你听了他的抱怨很不高兴或者对此毫不感兴趣。例如:减少眼神接触、做出不舒服的面部表情,或者就是直接走开。然后,让他知道你在以一种实事求是的方式表达自己不高兴的情感,并着重强调这是失望而不是强烈的不喜欢。继续这样的练习,直到你的孩子开始以更积极的方式表达他的不愉快为止。比如他可以说:"我很失望……"当他这么做的时候,你一定要积极地给他更多的关注。

　　一旦孩子的消极情绪开始减少,便开始练习再归因,重新塑造他的观念(说"你能用另一种方式说吗"),同时肯定积极的东西。这有助于他以越来越积极和乐观的方式进行思考和表达。

处理疲劳问题。 尽管你们对这些练习反复操练,孩子的消极情绪仍然存在,那我们就需要检查他精力状态的各个阶段了。例如:拉尔夫大多数时候都觉得疲劳,因为他有学习方面的负担。考虑到仅仅为了理解他周围的世界，他就已经付出了那么多的努力，所以他容易生气、觉得筋疲力尽、过度消极也就不足为奇了。另一方面，乔治的疲劳与他不规则的睡眠和饮食习惯也有关系，除此之外他还缺少锻炼。因为没有经过详细的调查，我们很难知道究竟是什么导致了他的疲劳，所以你要分析孩子的总体幸福感和身体状况能否通过更健康的生活方式来得到改善，这一点很重要。

在拉尔夫的例子中，他的日常生活基本上是充实的。他的疲劳更多的是由于缺乏休息。他抱怨很累，因为"我从来没有任何空闲时间"。了解了拉尔夫，你就会发现他的抱怨可能源于另一个错觉。事实上，每天放学之后，他至少有两个小时的空闲时间。当父母想要对他解释这一点的时候，他总是指责他们在撒谎。或许你的孩子也和拉尔夫一样，由于他们有自己具体的、不同的思维方式，他们通常无法理解他人的解释。为了帮助拉尔夫了解自己的时间表，妈妈设计了一张每周的曲线图，来表明拉尔夫有空闲时间。但是，他仍然不相信。因此，妈妈就画出每天的空闲时间表（每半个小时一次），这种空闲时间还只是那种不管什么情况都能够得到保证的时间。拉尔夫开始觉得安心，两个星期之后，他不再一直抱怨疲劳了。

如果你的孩子也和拉尔夫一样，你最紧迫的问题之一就是：你的孩子认为无论什么事都不能怪他。为了帮助他在困难的时候承担自己的责任，让我们再回到生日聚会这个话题上吧。我们知道拉尔夫显然对汤米很生气，同时，他错误地期望着当他刚到达聚会的时候，他最要好的朋友就要去迎接他。然而，他没有透露的是，他对汤米大喊大叫，只是因为汤米没有迎接他。在进一步和他的爸爸探讨的时候，拉尔夫说出了这个细节，正如以下对话所描述的。

爸　爸：拉尔夫，我们要不要邀请汤米过来吃晚饭？
拉尔夫：……（摇摇头，低头向下看）
爸　爸：为什么不呢？你知道他为什么没有立刻去迎接你吗？
拉尔夫：……（勉强点点头）
爸　爸：是不是还有什么事你没有告诉我？
拉尔夫：……（叹了口气）
爸　爸：拉尔夫……
拉尔夫：我告诉他："你不再是我的朋友了。"［语调变得很生气］
爸　爸：哦，拉尔夫……你对他大喊大叫了。
拉尔夫：他不愿意和我一起玩。这不是我的错。我没有做错任何事。
爸　爸：（深吸一口气）我认为我们可以判定汤米并不难相处。
拉尔夫：他就是很难相处。
爸　爸：也许，他本应该多关注你一些的。
拉尔夫：……（点点头）
爸　爸：但是，拉尔夫，你应该对汤米大喊大叫吗？
拉尔夫：不应该……
爸　爸：那就对了呀！我想，你需要立刻向他道歉，对不对？

像拉尔夫这样的孩子，一般来说，无论是下面哪种情况，他都无法为自己的行为承担责任：他极力淡化自己在互动中的负面作用，他看到的仅仅是每个小伙伴过度的反应，或者他想证明自己的过度反应是合理的，所以他看到的仅仅是小伙伴的挑衅行为。为了培养并维持友谊，他急需学会道歉。当然，这不是一件简单的事，因为他确实看到（和认为）：没有什么事是他的过错。在下面的例子中，爸爸向我们展现了拉尔夫是怎样既道歉又能挽回面子的。

爸　爸：拉尔夫，我们去向汤米道歉吧。

拉尔夫：我不要对他道歉。我没有做错什么。

爸　爸：你觉得当你向别人道歉的时候，你是在说："那都是我的错"？

拉尔夫：……（点点头）

爸　爸：其实你只是说："很抱歉，我们吵架了。"你甚至都不用说你抱歉是因为对他大吼大叫。

拉尔夫：让他先道歉。

爸　爸：要是他不这么做呢？

拉尔夫：……（看起来在沉思）

爸　爸：你愿意放弃这段友谊吗？

拉尔夫：……（叹气）

爸　爸：你们做朋友多久了？

拉尔夫：从幼儿园起就是朋友了。

爸　爸：你说怎么样？你能试一下吗？

拉尔夫：好吧……但是我仍然很生他的气。

爸　爸：没有关系。道歉意味着你仍然很在意你们的友谊。我们都会犯错。当你向他道歉的时候，汤米会说什么呢？

拉尔夫：他也很抱歉……

爸　爸：你说的没错！那接着会发生什么呢？

拉尔夫：我们还是好朋友。

爸　爸：这就对了。你准备好要去道歉了吗？

拉尔夫：……（勉强微笑）

爸　爸：我们走，儿子。我真为你骄傲。

如果你的孩子仍然拒绝道歉，那就考虑帮他写一封简要的信，这封信可以简单到就写一句话——"我很抱歉"。

更重要的是让道歉成为全家的大事。有的时候，父母认为由于他们的权威地位，向孩子道歉对他们来说是不适宜的。如妈妈会认为这么做是一种软弱的象征。相反，道歉是力量的象征。如果有什么区别的话，就是你会被认为更通情达理，也更值得尊敬。你是不是有这样的朋友、亲戚或者同事，他们只顾自己，而且看起来从不会道歉？那是多么令人沮丧的事情啊。从和这些人打交道的经历中，我们知道：我们无法改变他人的行为，但是我们可以改变自己的行为，这种改变会改变他人对待我们的态度。这就是为什么道歉是如此有力的工具。

现在就是帮助你孩子的时候了。记住：他不是故意不愿意道歉，也不是因为什么个人因素，而是与他学习上遇到的困难及认知曲解有相当大关系。你要知道，你的孩子会把你作为学习的榜样。因此你要给自己一个任务，那就是向他展示道歉的价值。毫无疑问，这么做会提高他与同龄人及家人的关系，包括和你的关系。

下面，我们将以特蕾西的故事为例，来论述下一个社交弱势的类型，她和拉尔夫一样，很容易被她的同龄小伙伴忽视。

特蕾西：负起责任来

从第三章你了解到，特蕾西是一个九岁的女孩，她无法独自完成自己的任务。在学校，特蕾西的老师说她很容易分心，很难按照老师的指示做。她的父母很担忧，因为特蕾西同样也对运动不感兴趣，似乎与她的朋友也不能和睦相处。他们希望她能够更专心、更积极地承担应尽的责任。在用好为特蕾西准备的社交退缩的检查表后（见第三章），父母为特蕾西制订了以下目标：

特蕾西的组织目标

- 培养更好的组织技能
- 变得更加积极主动

正如你所知道的那样，除了有社交焦虑和社交退缩以外，特蕾西还受困于一些潜在的神经系统方面的问题（中枢听觉处理障碍），这些问题让她在社交中处于弱势地位。由于她本性退缩，她最容易被她的同龄人忽视。在她社交互动的时候，特蕾西首先需要学习如何多"听"。为了帮助她这么做，父母需要理解特蕾西注意力集中困难的本质，这需要使用下面的指导方法：留意孩子的行为。

‖ 留意你孩子的行为

特蕾西的父母感到很沮丧，因为她总是缺少责任心。"我不明白，"妈妈回忆说，"特蕾西已经九岁了，她应该能完成家庭作业或者自己刷牙。但是，如果我不提醒她三到四次的话，她什么也不会做的。我很难过，我再也不能接受她'待会儿就去'的回答了。她看电视可以连续三个小时，但做作业的时候却需要每隔十分钟就'休息'一下。有的时候我想知道特蕾西是否有听力方面的问题。我真难过！她的房间，我是不能进去的。即使特蕾西打扫房间一整天，那肯定看起来还是跟没打扫一样。我真是太累了。不管我多么努力地去帮她，她总是生气，要我别管她。请相信我，我不是生气才那么做的。但是我不能不管她，看着她退步。"

爸爸也有同感："让特蕾西独自去做任何事都是非常困难的。她总是很健忘，会落掉东西。但是我开始担心的是，特蕾西对运动渐渐失去了兴趣，还一直在抱怨说很累。"

一方面，妈妈是对的。特蕾西应该能完成家庭作业，并更独立地照顾好自己。但是，记住："应该"是一种认知曲解。妈妈真正的意思是：她希望特蕾西能更独立、更有责任心。事实上，不独立并不是特蕾西的错。她既不懒惰也不受人操控，但是，她正遭受着注意力与听觉处理方面的问题。特蕾西的行为是无意识的，只是她神经障碍的一种反应，理解并接受这一点会让她父母不再那么责备和怨恨她。虽然如此，不断地提醒和监控使得特蕾西不仅觉得很麻烦，而且对她父母感到很厌烦。必须有更好的办法来帮助特蕾西变得独立。让我们来看看她的父母是如何着手的。

培养更好的组织能力。 第一步就是创造一个框架，来帮助孩子集中注意力、变得更有条理，至少能成功履行基本的家庭和学校的职责。一旦特蕾西学会了我们的六步法，同样的流程就容易运用到社交活动和课外活动中了。

找出目标区域。 找出你希望孩子的组织能力得到提高的一些重要区域。特蕾西的父母最感兴趣的就是帮助她在家庭作业、琐事及个人卫生方面变得更自信。尽管这样，在为你的孩子选择这些区域的时候，一定要合理。如果你选择的目标区域太多，很容易使孩子不知所措，最终只会有一点点的提高，甚至一点儿都没有。另外，在注意力或者听力处理问题方面，调整你对孩子的期望值。这就意味着：期望你的孩子自动地去积极参与，这是很不切实际的；而且仅仅给予充足的时间，让她完成任务（没有你的指导）也是不够的。

此外，你可能希望由你自己决定哪项任务是最重要的。比如，允许孩子偶尔不刷牙，很明显这不是一个好主意。但是，他必须每天都打扫他的房间吗？特蕾西的妈妈觉得：她的房间需要在周末的时候整理一下。从周一到周五，她很友善地要求特蕾西关上她的房门。在"打扫房间的那天"，妈妈帮助特蕾西完成了一些必要的步骤，并表扬她很有责任感。

提出一些突出的要求，并予以确认。 如果你的孩子与特蕾西类似，有注意力或者听力处理方面的问题，绝不要假定他会认真听你说的话，或者做你所要求的事。举个例子：特蕾西经常不能对她妈妈的要求作出回应，比如"来吃晚饭"或者"快刷牙"。正如大多数的父母会做的那样，妈妈重复喊她三到四次，有的时候几乎要大声喊，才能得到回应。妈妈经常从家里的另一个房间呼喊特蕾西。如果妈妈走近她，眼睛盯着她看，然后要求特蕾西重复自己刚刚说过的话，这样反而有效。换句话说，并不是说你要重复三次，而是要确保你一开始就占据了孩子的全部注意力。然后，如果他没有回答你，你就会知道他并没有不理你。更确切地说，

他可能高度专注于一项他渴望的活动,思想不集中或者处于困惑中。你要关注他困惑的一些迹象,比如笨拙的面部表情及说话方式,如"啊"或者"什么"。

鼓励。 一旦你占据了你孩子的注意力,他也理解你的要求,鼓励他开始一项具体的活动。眼下,这就意味着你要陪同他去盥洗室刷牙,或者去他的卧室打扫房间。尽管你一直陪伴他,甚至亲自送他到那里,你还是要表扬他认真听("我很喜欢你能认真听"),表扬他积极主动。当然,如果你就此停下来的话,他会很容易分心,最终以做其他事情而告终。如果你守候在他身边,你们两个都会有挫败感。相反,你要帮助他着手做事,并制订一种合适的监督计划。

帮助你的孩子着手做事。 对于相对简单的任务,比如刷牙,要表扬你孩子的进步("你做得很棒"),然后你就可以离开了。当他完成的时候,称赞他非常负责任。对于更复杂的任务,比如做家庭作业、打扫房间或者早上穿衣服,你最初的指导就尤为重要了。

我们经常想当然地认为:我们有能力完成表面上看起来简单的任务,如打扫卧室。但是,对于一个有注意力或听力处理问题的孩子,这样的一项任务可能是很折磨人的。第一,他的房间有无数会干扰他的东西,比如纸张、铅笔、书本、玩具,而且这些东西和其他物品都堆放在一起。第二,"打扫你的房间"究竟意味着什么呢?你的孩子可能不知道从哪里开始,即使他去做了,他可能很快就分心了,开始做别的事。因此,要具体一些("我想让你先整理床铺"),把一些较大的任务分解成一系列小的步骤,并准备着帮助他着手去做。

监督。我们都希望花点时间来唤起孩子的注意力，鼓励他，并帮助他着手去做，这些就足够了。对于一些不爱交际的孩子来说，这是对的。但是，如果你的孩子有注意力或听力处理的问题，你可能需要再接再厉，直到完成。这就意味着要通过定期的"检查"（例如："你做得真棒"以及"做得很好，继续保持"）来维持他的注意力，有必要的话，还需要一些额外的辅助。通过这种方法，你将帮助他最终获得成功。表扬并强调他付出的努力。随着时间的流逝，你给予他的大量帮助会逐步地减少。同时，对于你的鼓励及快速检查，他的依赖也会随之改变。

练习刺激控制。 完成前五个步骤将会帮助你的孩子坚持到底，并更有责任心。现在我们想让他在没有你太多参与的情况下，也能够坚持到底。

正如你所知道的那样，重复告诉孩子去完成家庭作业或者做完一些琐事，孩子很快会失去新鲜感——一段相当短的时间过后，你和孩子都会对此很厌烦。因此，你重复传递的任何要求最终都会被看作是一种侵扰，然后导致冲突。通过学会将特别的行为与具体的暗示（话语、姿势）联系在一起，使用刺激控制会帮助你的孩子更适当地作出反应（不需要太多思考）。一旦父母吸引了特蕾西的注意力，他们就会用话语和姿势来暗示她。例如："刷牙"就变成"牙齿"，同时伴有用食指指着嘴巴的动作。"做你的家庭作业"就指着特蕾西的背包。你要使这些联系尽可能地有意义，但要适度。对于年龄较小的孩子，你可以考虑使用一些话语和图片。练习刺激控制将会使你在家的生活更随意些，更重要的是，这将帮助你的孩子获得社交成功。

特蕾西的小伙伴们开始留意到她注意力迟钝（称呼她"昏昏欲睡的特蕾西"）。在体育活动中，他们开始对她粗心所犯的错误感到失望。

为了帮助她克服这个问题，爸爸练了一种柔和的口哨声，同时伴有一个手势（指着他自己的眼睛），提示她集中注意力。游戏过程中，他通过使用一些姿势（微笑、鼓掌、做出竖拇指的手势）帮助特蕾西维持她的注意力。

每当特蕾西对参加活动或者进行对话有困难的时候，妈妈就锻炼她的谈话技巧，并致力于一些非语言的参与（像第五章里伊莎贝尔的父母所做的那样）。举个例子，妈妈和特蕾西一起努力，以便帮助她使用眼神接触、微笑和点头来表现出她对谈话的兴趣。一旦特蕾西能更有效地使用非言语的交流技能，妈妈就教她主动提出问题，从而使谈话继续下去。这么做能够帮助特蕾西始终参与到同龄人的活动中，而不是通过负面行为吸引注意。

培养更好的动机。 我们的组织计划很有效，但是，如果没有适当的动机，所取得的成就是相当有限的。有注意力不集中问题的孩子经常缺少内在动机。不是因为他们懒惰，而是因为他们的神经系统存在问题。因为孩子缺少责任心而觉得不安，或者给他额外的时间来完成任务，都是不管用的。就算有用的话，那也是你们都会以受挫而告终，他还很可能受到惩罚。这样做很容易形成恶性循环，导致不适当的怨恨情感。然而，好消息就是：在你的指导和支持下，随着神经系统的成熟，你家孩子的内在动机会最终培养起来。但是现在，没有外在的激励因素，无论在家、在学校，还是和他的小伙伴在一起，他可能都会无所事事。那你如何提供外在激励因素呢？

考虑使用奖励。 记住，奖励并不是贿赂，这一点很重要。对于从事所希望的举动，奖励是一种积极的结果，会增加积极行为再次发生的可能性。对于本书中谈到的其他孩子，我们使用奖励来帮助他们克服羞怯或者社交焦虑，帮助他们积极参与同龄人的活动。如果你的孩子也和特蕾西一样，奖励会带来不断增加的责任感和独立性。没有必要花太多的钱，你的奖励可以包括以下内容：

- 小件的、便宜的物品（比如贴纸、体育运动卡片、发饰）
- 社交活动或者家庭活动（例如租录音带、使用电视或者电脑、约定玩耍日期）
- 父母的表扬

实施奖励。 让孩子听话，奖励方案很有用，尤其对于那些没有耐心等待的孩子。一般来说，预先准备许多奖品（贴纸、小星星奖章、扑克筹码），这些奖品可以让孩子通过成功完成任务来获得。然后，这些奖品可以换成更有意义的具体的奖励、社交奖励或者活动奖励。奖励方案范围不等，可以从小孩的简单贴纸，到为较大儿童和青少年精心制作的方案。后者具体指定一些目标行为、分值奖励以及在每天和每周基础上获得的分值。

毫无疑问，这些方案很有效。但是，在某些情况下，父母和孩子会渐渐讨厌一种复杂的体系。对于来监控和使用这样一种体系所付出的努力，一些父母感情上会受不了。孩子们厌恶不断的提醒——而这种提醒还是根源于自己的健忘和笨拙。我们建议简单操作这种方案。最好的做法是选择一些关键的目标行为，对于所需行为的期望要具体化，以便孩子能获得可能的奖励。如果你愿意，你可以记录孩子听从要求的情况，但是要以一种不被察觉的方式来做这件事。如果你明确他处在监控过程中的要求，会导致他的挫败感和反感。相反，你可以定期（当你的孩子已经相当成功的时候）将你的记载表展示给他看，作为他听从安排的一个证据，并说明这值得表扬。现在这么做可以看作是一种很好的奖励，而且也可看作是对他自尊的强化，并有助于他维持自己的动机。当你实施你的奖励方案时，要考虑的综合指导方针包括以下内容：

- 在成功完成任务的基础上，实施奖励（当然，在你的帮助之下）
- 完成任务之后，尽早奖励
- 定期更换奖品，以防止孩子失去新鲜感
- 为了保持它的有效性，方案中包括的任务才可以使用奖励，其他任务不可以
- 为了防止出现反感情绪，只要他们在自己适合的目标中取得进步，也可同时奖励兄弟姐妹

理解奖励过程。 父母们经常问我们："什么时候停止奖励呢？"从某种意义上说，他们从没有这么做过。考虑到你孩子的神经系统问题，他可能经常需要某种奖励用来帮助维持他的注意力和动机。我们不都是这样吗？想一下，对一项缺少刺激的运动失去兴趣是多么简单的一件事啊！

在方案的一开始，小件的有形物品可以用来帮助他创造动力。然而，随着时间的流逝，要充分利用社交奖励和活动奖励，这些奖励很容易就成为孩子社交情境的一部分，比如：和爸爸或者妈妈一起玩最喜欢的游戏，或者每周有一天玩耍日。当然，要保持快乐的心态。

由于特蕾西注意力容易分散，所以在早上能做好各种准备，对她来说，是一项巨大的挑战，而对她的父母来说，这是一种煎熬。为了帮助特蕾西在

早晨做好准备，全家人玩一个叫做"做准备"的游戏。现在，因为她父母已经将早晨例行的一些事变成了游戏，特蕾西就把做好准备看作是一次兴奋的挑战。

前一天晚上，妈妈帮助特蕾西整理背包，叠好她的衣服。早上，在允许提醒的前提下，特蕾西只要父母提醒两次，就立刻起床了。当特蕾西穿衣服、刷牙的时候，妈妈从远处监控她的进程。根据需要，妈妈或者爸爸会提示特蕾西（比如"牙齿"），或者表扬她（"你干得真不错"），从而维持她的注意力。如果特蕾西在厨房定时器的时间结束前就吃完早饭，准备出门的话，她就赢得了比赛的胜利。她可以有十五分钟的活动时间，可以和她的妈妈做任何她想做的活动。如果她没有获得成功，特蕾西的父母仍然会表扬她所付出的努力，并鼓励她第二天更努力些。

最后，除了使用社交奖励和活动奖励之外，你要帮助你的孩子学会自我奖励。让他养成一个习惯——每当完成目标的时候，就说"我为自己感到骄傲"。你的孩子会做事更有效率，也更有组织性，这就是最好的奖励，哪怕是在你的帮助之下。外在的激励有利于他继续努力下去，也有助于维持他的注意力。同时，自我奖励也会增强他的自尊。

当你的孩子拒绝服从你的要求时，你该怎么办？传统的奖励方案也包括扣分——因为不服从或者从事一些破坏性的行为而导致丢分。这就增加了责任的成分。但是，欠缺的地方就是你孩子偶尔会有负分。当这种情况发生的时候，他的积极性就会剧减，他对这个方案也会完全失去兴趣。基于这个原因，我们建议：如果你的孩子拒绝服从，他就无法获得奖励，但是同时不扣分，也没有特权享受。什么也赚不到，什么也不会损失。

另一个值得考虑的策略就是使用自由通行证。当特蕾西的妈妈要求她做一项特别的任务时，特蕾西如果不再说"我过会儿再做"，而是坚持到底，她就可以获得使用一次自由通行证的权利。这也就意味着特蕾西可以有一个小时的自由时间。一个小时之后，妈妈可以再次提醒她，特蕾西必须继续服从。如果她拒绝服从要求，她将失去第二天的自由通行证（如果她服从了，第二天的自由通行证就可再次获得）。这样一种策略有助于你的孩子感觉自己有自控力，很大程度上会减少不服从的可能性。

在个别情况下，不服从仍然存在，愤怒也会出现，见第八章——为艾拉设计的愤怒管理计划。不得已时，要让他失去做某事的特权，但是时间必须很短，例如：半个小时之内不准看电视。记住，像特蕾西这样的孩子，时间感比较差。比起持续半个小时的惩罚，一周的惩罚并没有较大的影响。另外，后果的持续时间越长，最终能够执行的可能性就越小。如果你不能坚持到底，你设定的有效限制的可信度就会被削弱。尽你所能建立一种框架，用来维持孩子的积极性。帮助她维持她的掌控感最重要的是，为不断增加的责任感和独立性创造条件。

在学校得到帮助。　　正如拉尔夫的案例一样，特蕾西的缺陷在她的学业上表现得还不是很明显。这是因为他们的神经系统问题（注意迟钝和听力处理问题；实际存在的学习上的挑战）属于轻度，他们优越的智力水平能帮助弥补这一点。同时，他们的父母还提供大量的家庭支持来帮助他们进步。如果你的孩子也和特蕾西及拉尔夫一样，你就会明白他正在痛苦地挣扎着。你可能觉得很绝望，有的时候很想退缩。就让他挣扎吧，这样，他的老师就会注意他了。但是，你能那样对他吗？尽管特蕾西的

妈妈经常很泄气，但是她不想让特蕾西成为失败者。

我们很难理解，微妙的神经系统状况能消极地影响同伴关系，却不会导致学习成绩变得糟糕。事实上，普遍存在的一个现象就是：注意力或者实际的学习能力缺失直到中学才被关注。在这个时候，青少年的学习成绩会急剧下滑，而这却被误解为懒惰所致。然而，事实就是：这个年龄所要求的组织要求是很高的，你的孩子的弥补性策略不再充足。如果你对孩子目前（和将来）的学习状态很担心的话，不要犹豫，立刻去咨询学校的辅导员，以便更好地对他进行评价。你要成为孩子的支持者，并决定他是否需要任何的补习或者学习方面的调整。

概述

在这一章中，为了帮助儿童或者青少年巧妙处理好不同表现形式的社交弱势，当然，都是与被忽视相关的社交弱势，我们已经引导你了解了一步步的计划。我们讨论了一些策略，以便帮助你的孩子不管是在家庭还是在同龄人相关的场合都能更宽容、更有责任心。在第八章，我们将讨论杰里米和艾拉以及他们父母的事例，来看看他们是如何学会更好地处理不同表现形式的社交弱势的。如果这些社交弱势没有得到有效地处理，这会增加孩子被同龄人主动排斥的可能性。

第八章

当你的孩子处于社交弱势、不被接纳时，怎么办

本章目标

在本章中，你将学会：

■ 帮助孩子提高社交能力的指导性原则

■ 如何逐步实施方案，而且是以孩子特殊的社交需求为基础的方案

■ 具体的应对策略，用以处理主要表现形式的社交弱势，因为这些社交弱势很可能导致同龄排斥

■ 反欺凌的建议

当同龄忽视变成同龄排斥的时候

你可能还记得,我们已经把社交弱势定义为有被忽视的风险,或者,更糟糕的是,被同龄人主动排斥。那么被忽视与被排斥之间的区别是什么呢?有些孩子未必是不被其他孩子喜欢才被忽视的,他们只是有被同龄人忽视的倾向,可能很少收到社交活动的邀请而已。另一方面,那些被排斥的孩子更可能是主动遭到同龄人的讨厌和排斥。在本章,以杰里米和艾拉的故事为例,我们将重点引导你熟悉社交弱势的一些主要表现形式,因为这些社交弱势会导致同龄排斥。我们从杰里米的事例开始,他很容易被同龄小伙伴忽视和排斥,部分原因是他顽固、不够灵活。

杰里米:变得灵活些

正如你在第三章了解的那样,杰里米是一个胸怀大志的十二岁男孩,他对美国的地图和地标有着相当渊博的知识,并且,他自称是一个"星际迷",花费了相当多的时间摆弄他大量的收藏品。在学校的时候,杰里米很难接受他人的建议,对于他的同龄小伙伴,他也持有一种漠不关心的态度。他的父母希望他能更灵活些,更多地去关注他人的想法,并努力和他的朋友一起多参加社交活动。使用社交弱势的检查表后(见第三章),杰里米的父母为他确定了以下目标：

杰里米的人际关系目标

- 培养关注他人的习惯
- 变得更灵活

杰里米在社交之路上有很多障碍，与杰西卡（缺少社交主动性）、贝丝（社交焦虑）、拉尔夫（误解社交提示）所经历的一样。正因为如此，他可以从那些孩子所采用的应对策略中得到启示。例如：贝丝的父母实施的认知训练和以放松为主的训练，这能帮助杰里米在电话聊天的时候，控制他的社交焦虑。另外，像拉尔夫一样，杰里米也可以通过训练学会如何更有效地看懂他人的肢体语言。在一些他只会谈论《星际迷航》之类话题的情景中，看懂他人的肢体语言就尤为重要了，同时这也是为了帮助他对如何与他人相处有一个更好的理解。父母可以想办法帮助他改变对他人漠不关心的态度，他们可以采用拉尔夫的父母帮助其改变消极态度的方式来实现这一目标。然而，让事情变得更为复杂的是，杰里米似乎并不关心他人是怎么想的。这就需要我们的下一个指导原则：留意孩子的冷漠。

‖留意孩子的冷漠

杰里米的父母很担心，因为他对与人相处缺乏兴趣。妈妈谈道："杰里米似乎不关心别人是怎么想的，他很难对一件事情感到兴奋，当然，除了最新的《星际迷航》的收藏品。我们希望他能更多地关注自己的外表。因为他可以整个星期穿同一条裤子，哪怕裤子已经脏了。我想我应该感激他，因为杰里米并不爱慕虚荣和追求外表光鲜，尤其是在我们并不富裕的时候。即使这样，假如有时他想去购物，我也会给他钱的。但是，我最难理解的是：杰里米是有朋友的，他也喜欢和他们在一起，他只是不愿意主动去找他们。"

爸爸说："杰里米很死板，但心里有一种优越感。我真的很希望我们可以亲近些，但是他不让我进入他的内心世界。我已经厌烦了他轻蔑的态度。"

不可否认，杰里米不合群，对其他人也漠不关心。但是和乔治（见第六章）不一样，乔治不爱交际是因为社交焦虑和忧郁，而杰里米不爱交际是因为他的性格和神经系统的某个方面的问题，还包括阿斯伯格综合征的一些特点和现实学习上的挑战。如果那样的话，他移情能力的欠缺和不灵活性可能与受损的执行功能有关系。因此，不是杰里米不在乎，而是因为他无法转动齿轮（被卡住了）。除此之外，他还无法理解别人的情感。对于杰里米来说，记忆事实是一件简单的事，可理解微妙且复杂的情感就相当困难了。

因此，杰里米的父母需要很努力地忽略他的漠不关心。同时，为了维持并保护杰里米目前和将来的同伴关系的质量，他们需要在帮助他主动开始社交方面扮演更重要的角色。更重要的是，杰里米需要学会去弥补，通过令人舒服的方式来让别人知道：他真的很在乎。让我们来看看杰里米的父母是如何帮他完成目标的。

培养移情。 像杰里米这样的孩子，通过遵循我们的五步法，能学会向别人表示关心。一旦杰里米掌握了这些技巧，他能更有规律地、积极地融入到他的同龄人中，建立人际关系。

看着我的眼睛。 想要向他人传达在乎他们的意思，就需要从眼神接触开始。要传递我们对他人所说的话感兴趣，那么，没有什么比看着他们的眼睛更有效了。分散的眼神接触或者没有眼神接触，会给人留下一种冷漠和不感兴趣的印象，当然根本就是一种逃避。这也可能在引起焦虑

的社交情形中出现。但是,当眼神接触不足的时候,这更可能是孩子的神经系统某个方面作用的结果。不幸的是,别人比较看重眼神接触,眼神接触的缺少被看作是一种不尊重的表现——毕竟,谈话的时候,看着对方是一个基本技能,大多数人不用思考也会这么做的。

如果你的孩子和杰里米一样,谈话的时候看着对方眼睛,却很不自然。那么,第一步,告诉你的孩子,缺少眼神接触的结果会怎样。为了帮助杰里米注意这一点,在关于《星际迷航》的谈话过程中,他的父母以一种夸张的形式表现出糟糕的眼神接触。如果你也采取了类似的方式,那要坚持练习,直到你的孩子不仅注意到你没有兴趣,而且觉得很失望。你在拐弯抹角地指引(而不是告诉)你的孩子保持好的眼神接触的重要性。

接着,在自发的谈话过程中,每当杰里米眼神接触欠缺的时候,父母就会使用各种姿势给他以最小限度的关注,而当他做出较好的眼神接触的时候,则给予很多关注。一旦杰里米更加频繁地表现出充分的眼神接触时,父母就让他"用眼睛"来观察他们的对话。之后,他们表扬杰里米所做出的努力,尤其当他通过非言语性的肢体语言来表现他确实很感兴趣的时候。

为了帮助他学会在除了家里之外的各种场合运用这个技能,一定要在有朋友和亲戚在场的生活场景中不断练习刺激控制。在公共场合,杰里米的父母会提示他,小声说"眼睛",同时指着他们自己的眼睛。这就是给杰里米的信号,告诉他要看着别人的眼睛,或者对方脸上的某一个部位,比如鼻子或者额头。他们不仅会大大地赞扬他付出的努力,而且还会因为他愿意这么做而提供奖励。随着不断重复地练习,孩子的眼神接触很可能会得到改善。但是请记住:注视别人对她来说仍然很不自然。

因此，有的时候她仍然需要你的提示，而其需要提示的场合很可能多于不需要提示的场合，除此之外，你可能还需要在一些不熟悉或者压抑的场合继续提醒她。

这件事不是关于我的。 像缺少眼神接触一样，过多地谈论自己也会让对方感觉我们太以自我为中心了，甚至会被认为是自负。和一个过于健谈的人进行电话交流，想一下那会是什么样子。我们可能很想放下电话，做一些其他的事，然后再次拿起电话，我们很可能是在对方毫不知情的情况下这么做！对于杰里米来说，总是徘徊于交通方位或者《星际迷航》之中，使得他和同龄小伙伴们疏远了。

因此，他的父母首先建立"杰里米时间"，通过这种方式帮助杰里米一直有机会谈论他的特殊爱好。在这半个小时的时间内（一天一次或者两次），杰里米可以随意谈论他的特殊爱好，而父母也表现出对此的热情。同时，杰里米也答应在除此之外的时间内，无论是在家还是学校，不再谈论他的特殊爱好。如果他在家不知不觉又开始谈论，父母则会使用身体姿势来重新引导他的谈话。他们做到这一点，是通过表扬他及时住嘴，不谈论《星际迷航》；表扬他及时转到一个他人更感兴趣的话题上；还表扬他对开始或者继续一次谈话所作出的尝试。在公共场合，他们通过小声地说"够了"来练习刺激控制，或者用手做出双方共知的姿势来表达"时间"的意思。如果按照要求做得很好，他们就会分发临时性的小奖励。

方案的第二步旨在帮助杰里米更熟悉与同龄人有关的话题，当他与其他孩子谈论这些的时候，他能觉得更舒服些。父母与杰里米进行角色扮演，用他们的非言语性的肢体动作来帮助塑造他的行为，开发出一系列通用的问题，他可以用来问他的小伙伴们。然后，当他不知道要说什么的时候，他可以向他的小伙伴们提问，以使得对话进行下去。对于一些特定话题，杰里米的父母还帮助他设想出一些焦点性的问题和特定话题的常用表述。有一次，一个通用的问题让杰里米的谈话重回正轨。每当他社交焦虑的时候，他的父母就会帮助他，让他练习用眼睛去观察其他孩子的互动情况。为了帮助他不过于关注自我，在吃晚饭的时候，全家人就要求相互提三个关于他们一天的情况的问题，并对对方的经历和想法表现出兴趣。

注意着装。 不幸的是，无论杰里米对其他孩子展示出多么大的兴趣，如果他的个人卫生和着装不大好的话，他的同龄人是不会再看他第二眼的。更糟糕的是，他并不以为然。当杰里米忘记冲澡、不梳头发或者每天都穿同样裤子的时候，他会告诉小伙伴们他并不在乎。因此，他怎么可能去在乎其他人呢？然而，对于杰里米来说，外形出众是不重要的，他认为真正重要的是科学和科幻小说。妈妈不赞同杰里米外表不重要的观点，但是，她还是很努力地帮助杰里米理解：他的同龄人很重视穿着打扮，打扮后会看起来真的很漂亮。如果杰里米想要同他们建立良好的关系，他必须努力去适应。

妈妈厌烦在这个问题上和杰里米不停地发生冲突，她做出决定：带杰里米去服装店买衣服的事就由爸爸来解决。结果证明这是一个好主意，事实上，这也改善了杰里米与他爸爸之间的关系。作为一家人，他们决定：如果杰里米能在平时比较好地照顾自己的话，他可以在周末的时候放松一下自己。

控制特殊爱好。 经历了之前几步不断重复的练习之后，杰里米已经开始以一种更顺利的方式展示自己。但是，他说他"没有时间"去参与社交活动。他没有撒谎，因为他花费了过多的时间来进行网站研发、搜集公路图以及搭建《星际迷航》的模型。父母最终决定作出一些限定，以限制他进行这些活动。同时，他们视他的配合程度提出要求，让他积极主动参与有同龄人的社交活动。起初，杰里米很生气，对这个主意很抵触。最终，他答应去尝试，前提是他能就此赢得机会得到额外的星际迷航的纪念品。

积极参与社交并参加一些活动。 下一步要实施一种方案，与杰西卡的父母所使用的方案类似（见第六章），这种方案允许孩子积极参加同龄人的活动，但仍能控制住自己。你需要强调孩子所做出的努力，有必要的话，要考虑一些可能的奖励。在他父母的鼓励之下，杰里米开始积极主动参与到朋友和熟人的活动中去（在电话中交流、收发电子邮件、在学校聊天）。但是，杰里米的努力是强制性的，也是他强烈的责任感，使得他认为应该把这个方案坚持到底。另外，杰里米的父母并不十分满意，他们希望杰里米至少参加一次课外活动。经过漫长的讨论和献计献策之后，杰里米心软了，他决定去当地动物收养所做一名志愿者。如果你想让你的孩子参加一项活动来帮助激起他的同情心，促进他换位思考和发展社交，那么考虑以下的可能性：

- 从事和动物相关的工作。动物比同龄人更容易被接受，能帮助孩子更好地理解非言语性的信号。作为杰里米方案的一部分，依据他的努力程度，他用心收养了一只小狗，从而展开社交接触，并与他的家人和同龄人保持一种更好的态度。

- 参加一些表演或者艺术节目。表演和艺术有利于换位思考、移情以及有创造性的自我表现。

- 促进教育机会。如果孩子需要有控制感及胜任感，她可能喜欢告诉别人该如何做事情，尤其当涉及她的特殊爱好的时候。建立每周碰面会，这个时候她可以提出一些其他家庭成员感兴趣的话题，而且是他们希望了解的话题（而不是被看作爱指示人、古怪或者惹人讨厌的人）。

- 如果你认为孩子是有天赋的，那就请了解一下关于有天赋孩子的方案。孩子可能发现一些活动很吸引她，她能和志同道合的小伙伴进行互动，并很享受这样的机会。（见第九章，关于天赋和社交弱势的讨论。）

更灵活些。 兼有焦虑和神经系统问题的孩子通常很难变得灵活，还会出现爆发性的情感发作。由于生物的和神经系统的敏感性，孩子可能经常承受不了，频繁地觉得会失去控制，因此产生的僵硬和呆板就成了她维持控制的一种绝望的方式。换句话说，她无法容忍太大的改变。对杰里米来说，他长期的呆板导致了诸多问题，无论是在家、在学校或是和他的同龄人在一起。例如，他拒绝接受他人的建议，而且就他的智力和学习表现来看，他的老师了解到仅仅是迎合他的需求是很简单的。在家的时候，父母尽可能地想帮助杰里米做家庭作业，随之出现的冲突及爆发性的情感发作却难以解决，因此他们不得不让他独自一人待着。但是，在开车旅行的时候，杰里米的呆板呈现出危险的信号。

杰里米对地图及路标有着渊博的知识，他非常坚持地要求他的父母按照他的指示开车。当妈妈开车的时候，她勉强地同意了杰里米的指示。可是，爸爸认为：作为杰里米的父亲，同时也是开车的司机，他有权利作出自己的决定。正如你所想象到的那样，杰里米不会很好地回应父母的决定，他经常用力踢车座，尖叫着骂脏话，不止一次差点导致车祸。父母不得不限制杰里米乘车旅行，除非是绝对有必要这么做。杰里米很清楚，他急需学着更灵活些，因此父母实施我们的四步法来不断提高他的灵活性。

找出目标区域。 首先，找出一些重要区域，在那里你的孩子需要证明他的进步。父母对于促进杰里米的灵活性非常感兴趣，主要是关于家庭作业和学校相关的规划、开车旅行及商店购物。这又是一个非常合理，也是现实性很强的方案。记住，孩子的不灵活很可能是长期存在的，也是她焦虑和神经系统敏感的产物。首先，帮助她一步步前进，并强调她付出的努力。

教育和奖励灵活性的表现。 解释一下灵活意味着什么，例如，当你很想用自己的方式来做一件事的时候，试着用别人的方式来做。然后，设计出一些赠券或者票（你可以在电脑上设计，或者去买一些嘉年华门票）放在你的口袋、皮包或者钱夹里。你可以使用这些门票来帮助你的孩子变得灵活些。这适用于各种各样的场合，比如做作业的时候，完成琐事的时候，接受另一个家庭成员做事方式的时候，就奖励给他。在使用赠券后，记录下孩子的奖励情况。当然，这些赠券可以收集起来，去兑换更大的奖励。但要确保孩子理解一点，那就是需要你来决定她是否正在变得灵活。

如果你的孩子继续拒绝老师的建议，你可以通过让步或考虑一下这些建议的方式来帮助她理解，即使一开始她并不同意这么做，她也可以让其他人知道她是讨人喜欢的。这么做会有助于维护及改善她与他人之间的关系。

在真实的生活场景中锻炼。 一旦你的孩子养成了灵活做事的习惯，你可以试着让她尝试一些更具挑战性的场景。对于杰里米的父母来说，这就意味着开车旅行和商场购物。为了给杰里米提供机会来锻炼他的灵活性，他们进行一些短途的、低压力的开车旅行。他们预料到他想要在路线上发号施令，但是他的父母同时也希望他会得到充分的鼓励，并想着去赢得赠券。由于他们不着急去某个地方，没有时间的压力，他们处于放松和有耐心的绝佳状态。杰里米对短途旅行的反应很顺利，但是，结果证明：稍长些的旅行就更具挑战性了。基于这个原因，他们退让一步，让杰里米对指定的那部分行程进行指挥，但是，久而久之，在时间和次数上，他们会减少这些时段的出现。

等到杰里米能够灵活处理一些事了，有关购物行程的类似的计划就需要来设计了，原因是杰里米想要对去哪里买东西，买什么东西做出指示。任何争论都会催生在公共场合的情感爆发。因此，全家人首先去一家商店，而且就买一样东西，然后计划更多的购物清单。只要杰里米能因为灵活性而赚得赠券，父母就会继续让步。为了完成这个计划，杰里米还需要与他的老师和父母每天至少合作一次，完成某项任务。他是否能坚持到底并不是很重要，重要的是他愿意以一种认真投入的态度来学着灵活。随着时间的流逝，杰里米有望与成年人有更多的合作，而不是一味的拒绝。

在与同龄人相关的场景中锻炼灵活性。 本书中讨论的每个孩子都有不灵活的问题，这也给他们的同伴关系带来了伤害。由于他们的焦虑和神经系统问题，他们觉得需要进行自我控制，但他们的占有欲太强，经常

坚决要求其他孩子按照自己的方式来做事情。毫无疑问，你希望孩子能够放松一些，并与其他孩子灵活相处，以改善他们之间的关系。你也希望她能认可其他孩子做事的方式。起初，你需要监督孩子的一些社交场景，并鼓励她更灵活些，在与其他孩子进行互动的时候，你可以给她提供一些赠券。最后，提前对她做出承诺：如果在玩耍的时候，她能练习灵活与他人相处的话，你将给她一张赠券，这么做将会是一种非常充分的激励手段。不需多久，孩子的同龄人会对她新养成的友好态度作出积极的回应。（我们已经发现：在这些场景中，使用赠券要比使用代币更有效、更管用，可能因为孩子是自然而然地做出合情合理的决定，在接受赠券的时候，每张赠券的价值就体现出来了。在使人感到愤怒的场景中，为了帮助孩子"宣泄"，弹性赠券也是非常有效的方式。）

现在，让我们来看看社交弱势的最后一种类型，正如我们在艾拉的故事中所展现的。与拉尔夫、特蕾西，甚至杰里米不一样，艾拉更容易被他的同龄人排斥，因为他有着好侵犯的本性。

艾拉：学会尊重

正如你在第三章所了解的那样，艾拉是一个十岁的男孩，始终精力充沛。他不停地走来走去，经常会惹上麻烦。在学校，艾拉不停地使自己受到关注。其他的孩子认为他与众不同，很讨人厌，他们总是逮住机会就欺负他。他的老师只是认为他不成熟，他的父母却受不了他这样。他们希望艾拉能学着"坚持"，对于他人能更尊重些。在完成了社交弱势的检查表后（见第三章），父母为艾拉提出了以下目标：

艾拉的自控目标

- 养成更好的自我约束能力
- 对欺负的行为能更有效地回应

和拉尔夫一样，艾拉受困于一些潜在的神经系统问题（多动症和感觉处理问题），这些问题使他处于社交弱势。但是，艾拉的问题使得他能与同龄人积极互动（一般来说不是很适当）的可能性比较大，因此，他被排斥的可能性也更大。艾拉需要学着缓和自己与他人之间的互动，同时，父母也需要更好地理解艾拉行为需求的本质，他们可以通过我们下一步的指导原则来做到这一点，留意孩子对于活动和影响的需求。

Ⅱ 留意孩子对于活动和影响的需求

"在我们家从来就没有枯燥的时刻，"爸爸说，"艾拉总是在做着什么，比如，东倒西歪地上下楼梯、在他的卧室练习空手道、吃晚饭的时候敲桌子、唱歌或者尖叫。他看起来像个快乐的孩子，而且精力充沛，我也很高兴。有时候，我希望他能安安静静地玩会儿。艾拉总是要求我和他在室内玩耍打闹，但是，老实说，我很害怕我会受伤。他很容易刺激过度，以至于有的时候一开始他就失去控制了。可能是我要求太高，但是偶尔享受会儿安静的时刻也是很不错的，尤其是下班后。处理他的事，我向来做不了。"

"艾拉的麻烦不需要任何预兆，如果我要求他做点事情，他总是会说他讨厌我。"妈妈也有同感，"我知道他并不是这个意思，但是，我忍不住要怨恨他。我疲惫不堪，没有任何一点自己的时间。我不能留下艾拉一个人和他弟弟待上一分钟。艾拉讨人喜欢，但却在压榨他自己的生命。我很害怕接听电话,因为艾拉总是在学校惹麻烦。他说其他的孩子欺负他,我很想帮助他,可是我不知道该相信什么。他的故事就像天气一样多变。我希望艾拉可以学着更好地把握自己与同龄人的关系。"

父母理解为什么艾拉会被他的同龄人排斥。他冲动、对人粗暴、说话大声,而且经常惹麻烦。但是,他不是故意那么做的,因为他的感觉信息处理有问题。通过他的身体运动和"令人讨厌的"行为,艾拉渴望得到连续不断的刺激。同时,他对被触摸又极其敏感。对于大厅里意外的碰撞和恃强欺弱的行为,他不能说出这两者的区别,这就是原因。因为他的冲动,他没有能力停下来,也无法去思考他的行为的合理结果。如果你的孩子也和艾拉一样,只要他们仍然处于可容忍的水平,那就接受他的高度活跃性和关爱需要,这是很重要的。

记住:他需要不停地走来走去,这并不是他能控制的事。对你来说,他的行为可能很难处理,定期地通过非言语性的肢体语言来展示或者告诉他,他又在惹人生气了,这么做只会使他已经薄弱的自尊由于欺负别人而进一步减弱。让我们来看看艾拉的父母是如何完成为他制订的目标的。

培养更好的自控。 艾拉的一个主要问题就是:他太容易失控,好斗或者爆发性的情感发作,这样的行为经常发生在家里、学校,甚至在社交活动或者课外活动中。感觉信息处理的问题经常与愤怒、情绪激动及爆发性的情感发作有联系,这一点变得越来越明显了。由于他实际的学习挑战和退缩,交际时很容易感觉疲劳。艾拉发脾气是由于他持久的感知超负荷所致。艾拉处理感觉输入的能力受到诸多因素影响,连着好多天,他的情绪都很容易波动,甚至持续好几个小时。因此,父母实施了我们下面的方法。

确认感觉敏感区域。 第一步就是确认孩子的敏感不足区(他渴望刺激的那些区域）和过分敏感区（他无法忍受刺激的那些区域）。艾拉对于触摸和活动不够敏感，这是因为他渴望"深触觉"及不断的刺激，并且以连续疯狂的运动和疯狂的表情的形式出现。同时，他对一些东西又过分敏感，比如：某些味道、嘈杂的声音及强光。结果，每当面临特别的味道、噪音及灯火辉煌的地方，比如自助餐厅，他就会回避或者很容易就退缩。

满足感觉需求（敏感不足区）。 通过晚餐后的沐浴和擦背，以及每周的游泳课，艾拉的父母帮助满足（和适当地引导）他对于深触摸的需求。另外，在明确约法三章的前提下，爸爸答应每周两次和艾拉在室内嬉戏打闹，但只是为了简短的休息。爸爸表扬艾拉始终保持自我控制，如果他两次都能成功做到，会额外奖励他摔跤游戏时间。因为他能及时平静下来，而且更有礼貌，全家人会拥抱艾拉，作为对他所做出努力的一种奖励。

在学校，有必要的时候，艾拉会使用压力球。为了帮助满足艾拉对于活动和语言表达的疯狂需求，全家人安排每周两次的比赛夜。这些活动，比如，猜字游戏和讲笑话，没有任何限制，也没有太多的规则。活动的构想就是为了给艾拉提供充足可以犯傻、大声说话及兴奋的机会。假如艾拉的行为相对来说较得体的话（考虑到游戏无法控制的本质），例如，管住自己的双手，并且按照顺序来做游戏，他的父母就奖励他在周末的时候玩另一种游戏。如果你对自己的孩子也采取这种方法的话，你就要牢记这一点：在这里，成功是最重要的。如果她的刺激过度，那就使游戏简短些，约法三章，而且要多多表扬她。

监控过度敏感区。 考虑到艾拉对于嘈杂和强光的过分敏感，如果有必要,父母会竭尽全力掌控并限制艾拉出现在购物商场、自助餐厅和音乐会。另外,在适当的时候,他们会给艾拉提供耳塞或者防噪声的耳机来听音乐。父母很谨慎,他们不会把艾拉的日程表排得满满的,不会让他有太多的课外活动,为的就是减轻他感觉信息的负担。他们也为艾拉制订了日常的休息时间。

帮助孩子养成好习惯,这有助于她更好地管理一些无法抗拒的感觉输入。父母保证他有充足的睡眠,并尽力鼓励他保持饮食平衡。充足的营养,尤其是充足的蛋白质,对于像艾拉这样的孩子是极其重要的。当然,考虑到艾拉对味道的敏感性,除了通心粉和奶酪、披萨及颗装的贝果之外,他对吃东西极其抵触,因此能让他吃各种各样有营养的食物真的是一种挑战。

尽量给"挑食的孩子"准备一些新型的食物,并且不要给她任何过度的压力。鼓励她乐于尝试少量的新型食物,只有一个目标,就是每周在她的菜单上添加一到两种健康的食物。你可以考虑给她一些可能的奖励(不要与食物相关),并且大大表扬她为了去尝试而做出的努力,而不是强调她吃了某些具体食物的数量。

练习刺激控制。 完成前三步,这将有助于孩子保持平衡,而且是建立在更有规律的基础上,这会使她更少地体验不可预知的、强烈的情感爆发。但是,在一些社交场合中,她仍然需要学会自我约束,这是比较难完成的一步。例如,在汽车里,知道使用"内在的声音"就是其中一个方面;保持安静的时间更长就是另一个方面。有感觉处理问题或者冲动的孩子,像艾拉这样,他们的父母经常会感觉他们太啰嗦。让他们保持安静是没有用的,他们需要的就是刺激控制——教育孩子行为的一种方法,通过把特别的行为与这些场合联系起来的方法,帮助你的孩子更适当地对某种场合做出回应(不需要太多思考)。

第一步就是为孩子创设出适当的场景,从而来满足她的感觉需求。例如:通过不断重复的练习,艾拉开始把家庭游戏、和爸爸在室内嬉戏打闹,以及适当的游泳视作活跃家庭气氛。因此,他更可能在其他场景中控制自己。

下一步要帮助孩子将重要场合与控制自己的需求联系起来。例如,在不那么忙碌的时候,父母轮流带着艾拉去图书馆、做礼拜,还有开车进行短途旅行。当艾拉坐立不安、开始烦躁的时候,他们就会通过手势提示他安静下来,并表扬他能坚持到底。通过练习,艾拉学会了问"我在哪里",然后回答他是在"图书馆"或者"教堂",这么做帮助他立刻安静下来。当你对孩子使用这种策略的时候,一开始要保持这种情形时间很短,没有压力,以便孩子获得成功。要多表扬,有必要的话,可以考虑奖励。以后,你可以尝试其他的场景——一些需要安静和镇定行为的场景。

为了教会艾拉控制住自己的双手,父母会提示他说"双手",并且摆出一种姿势(举起手,然后放下来贴紧两侧)。当艾拉和他的弟弟一起玩的时候,他们就训练他。当艾拉掌握对父母的提示作出回应的窍门后,他们就安排一些短期的活动日,可以与好朋友、亲戚一起玩耍,当然是在父母的监督之下,紧接着就是一些经常性的活动,比如,空手道。

孩子的行为是与场景相关的,记住这一点很重要。这就意味着,孩子在某一场景中的社交束缚不大可能适用到其他类似的场景中,如果父母没有意识到这一点的话,他们可能会对此感到很困惑。例如,在一次家庭聚会上，艾拉表现得很不得体，而他在一个星期前的一次类似的家庭聚会上表现得又非常棒，妈妈对此心烦意乱。区别就是，第一次的家庭聚会是在他们自己家里，她像平时一样提示他，表扬他。然而，第二次家庭聚会是在一位亲戚家，妈妈允许艾拉独自进行社交活动。因此，你的期望要有现实意义，以避免过度怨恨和受挫，当进入未经练习的场景时，你都要对孩子说明你的期望。

控制愤怒。 对于艾拉这样的孩子，对愤怒适当做出反应是一种能力，需要经过长时间的磨练才能达到建立自尊、促进学习、改善社交关系的地步。正如我们在伊莎贝尔的故事中描述的那样（第五章），帮助孩子进行深呼吸和肌肉放松练习。当她为平静下来做出了努力的时候，你也可以使用身体姿势，给她最大的、积极的关注；当她用行动来表现她的愤怒的时候，给予她最少的关注。一定要说点什么来确认她的情感，比如："我知道你很心烦，但是我得等你平静下来之后，才能和你交流。"然后尽力去忽视她愤怒的行为，只要这些行为还处在你可以容忍的水平，一旦她平静下来，立刻去帮助她。

制服爆发性的情感发作。 你可能发现：有的时候，孩子的情感爆发很强烈，而且看起来持续不断。每当这种情况发生的时候，你需要帮助她"宣泄情感"，在某一规定的时段，可以通过提供一些具体的小奖励或者是以活动为基础的奖励，来帮助她保持平静。此时，要靠你自己的判断，你还要考虑到情感爆发的强度以及孩子的年龄。我们通常建议一到五分钟的时间，同时，我们建议开始时把时间周期放短一些，渐渐增加到更长的时间。

这种奖励策略很有效。但是,一些父母忍不住会厌恶孩子的情感爆发,这是可以理解的。他们认为在这种情况下,要做到给孩子分发奖励是很困难的。如果那样的话,通常发生的情况是:这些情感爆发会无限期地持续下去,为了息事宁人,父母往往会让步,满足孩子的要求。不幸的是,这么做激发了情感爆发的频率和强度。我们的奖励策略能缩短孩子的情感爆发,提高她在特殊情况下平静下来的能力。这就是你想要的,而且,随着时间的流逝,她的情感爆发持续时间会越来越短,强度会越来越低。

有的时候,孩子的情感爆发会带有一些特殊的问题行为,比如:艾拉对着他父母尖叫"我恨你"。这也是他妈妈不能接受的地方。当然,我们不会轻易原谅这种不尊重,这个问题需要处理。但孩子处于情感爆发的顶峰,她的言行可能不是很理性。由于感觉超载,艾拉确实失去了控制,他真正想表达的意思是"我很生你的气"。对于孩子的言论,你要努力做到忽视自己个人的反应,并牢记她真正想说的话。当她情感爆发或者即将爆发的时候,我们建议你多鼓励她,当她再次平静的时候,让她进行自我纠正,问她这样的问题:"你确定你想说那些话吗?"如果她说的话比较恰当,或者说"我收回刚刚说的话",请表扬她的努力,对她的说教也要减少。接着谈论你受伤的感情,并鼓励她向你道歉。如果她拒绝自我纠正,你可以考虑小的、但是强有力的惩罚措施,比如解除一种特权(一次电视秀或者玩电脑时间)。如果自我纠正效果不明显,或者你的孩子对自己要求过分严厉("我是个傻子"或者"我讨厌我自己"),那就考虑一下偶尔出现的,却又很需要的返工重来。帮助她理解:每个人都会犯错,你自己也知道,自控对她来说很艰难。你可以加深这一点:如果她坚持去努力保持镇静,那她就有资格获得又一次机会。经过多次保持镇定的练习和奖励之后，艾拉开始自我纠正，在情绪爆发之前控制住自己。

除了教会自我纠正的方法之外，我们也可以建议她用冷静政策，而不是暂停。除了感知超载、焦虑和冲动之外，自我控制的丧失也是另一个导致孩子情感爆发的原因。暂停休息（例如：被告知"去你自己的房间"）感觉像是一次失控，因为在实施的过程中伴有很强烈的另外的意思。对于没有正确时间感的孩子来说，即使指定的时间间隔较短也可能是她无法承受的。

然而，在冷静的过程中，你的孩子处于主控地位。你只是表明她看起来很生气，对她来说尽早努力镇静下来（在她的房间或其他地方）是一个好主意。明确这一点：她可以做出判断，自己是否已经冷静下来。如果有必要的话，考虑使用一定的奖励，表扬她愿意冷静下来。冷静政策符合刺激控制。你在告诉孩子，生气是可以的（每个人都这么做），但是必须是在一个适当的地方。

如果孩子不愿服从你的要求，她就不能得到奖励。如果她继续发脾气，首先肯定她的感情（例如说"我知道你很心烦"），然后改变她的行为（"等你冷静下来我再和你说"）。正如我们之前所建议的，不要关注她发脾气的时间长短，要表扬她镇静下来的能力。她如果愿意下次冷静下来不发脾气，可以和她讨论奖励什么奖品。

当然，在情感爆发一开始的时候，如果她有明显的烦乱的迹象，冷静策略最管用。但是正如你所知道的那样，孩子的爆发经常没有任何征兆，因此在情感爆发太严重之前，要控制住这种行为非常困难。基于这个原因，当你的孩子冷静的时候，和她进行角色扮演游戏，然后探讨（在爆发之后）

下次使用的冷静策略。

尊重孩子的时间要求。 帮助孩子自我控制的另一种方法，就是尊重她的时间要求，控制情感。艾拉的妈妈是一个注重"现在"的人。她不喜欢在家人或者朋友面前生气，她希望立刻解决问题。然而，艾拉是一个注重"过会儿"的人。考虑到他的感知问题和冲动，在讨论困难的情况之前，他需要时间处理情感。让他太快或者迫使他面对问题都可能导致他说谎或者发脾气。当他说谎或者失控的时候，他在告诉他的父母：他情感上接受不了，无法正常思考。因此，无论什么想法浮现在他的头脑中，都会立刻被表达出来。如果他的父母继续逼迫他在那个时候进行讨论，他的谎言或者失控行为都会逐步升级。

因此，给孩子足够的时间来冷静下来。我们建议每天给她一次或者两次"自由通行证"。自由通行证的意思是说，短时间内（至多三十分钟），你可以让她一人独自待着（不强迫她讨论），因此她可以进行反思，找出如何以最好的方式与你沟通交流。

自由通行证和冷静策略可以被用作你工具箱里的单个的策略，用来处理各种情况的问题。在你需要和孩子讨论某一件事的时候，自由通行证可以用于这种场合——例如：她做错了一件事，而且她很可能会对此撒谎。她可以继续下去，但是这段时间结束后，你必须要求她参加讨论。另一方面，冷静策略可以用于有冲突的场合——例如，当你的孩子对作业感到沮丧的时候，她不想继续下去。冷静策略包含确认孩子的情感（沮丧、不安）、让她自愿从这种场合中退出，这样她能以一种更合适的方式表达自己的愤怒。根据实际情况，这两种策略都很有效。

把它们结合在一起。 建立一种家庭环境，每个人都可以说出他们的所感所想，而且不用担心他人的反应。

随着你帮助孩子越来越熟练地进行社交活动，你会发现她有着许多新的社交机会（例如，运动、俱乐部、兴趣小组），而且是与她还不认识的一群孩子的交往机会。这样她可以重新开始，经验也会越来越多，对于所有社交弱势的孩子来说，这是正确的。更重要的是，你也需要成为你孩子"追星俱乐部"里的特许成员。当然，因为她一直在抵制，这不是一件简单的事。但是，一个家庭里理解和接受的氛围对你的孩子大有帮助，有助于她不仅能控制自己的愤怒，还能控制自己的情感超载，这种超载主要是来自被欺负的时候。

更有效地回应欺凌。 你最紧迫的问题可能是帮助孩子应对来自同龄人的欺凌。考虑到艾拉具有攻击性的本质，他非常容易被排斥。反复练习之前的训练之后，现在，艾拉表现出了和他的同伴之间更好的社交制约关系。但是艾拉还没有准备好去应对言语欺凌。他需要一些反对欺凌的建议：

反欺凌策略。 应对欺凌的方法有很多可以推荐，包括消极策略、中立策略以及肯定策略。

消极策略包括忽视和自言自语。有了这些策略，孩子就会在面对冲突的时候，学会保持镇静，同时也会减少她对施凌者及其他同伴的关注。忽视是有道理的，因为那些横行霸道的人很自然地会去挑选无法保护自己的孩子，或者是让这些冲突纳入公共视线的孩子。然而，在实践中，这种方式可能对像艾拉这样的孩子不奏效，因为即使艾拉不说话或者离开，也无法忽视同龄人对他的欺凌，他也无法隐藏他的肢体语言，这就很明显地表明了他很痛苦（他可能愁眉苦脸、噘嘴或者展现出快要哭的样子）。因此，他并没有做到忽视。更为典型的是，像艾拉这样的孩子会自闭、哭泣或者变得怀有敌意。基于这个原因，那就考虑一些更积极的策略，比如自言自语。

自言自语是在被欺负或者遇到其他紧张冲突的时候，使用应对思想来保持镇静。例如：孩子会默默对自己说"放松""保持镇静"或者"深呼吸"。但是，经过反复练习和多次角色扮演之后，在学校或者操场遭遇欺负的时候，艾拉仍然"忘记"说这些话。对于他的父母来说，这确实很令人沮丧。为了使这种方法更有效，他们决定用手势提示艾拉，正如教他控制住自己的双手和保持安静时他们所做的那样（"双手"和"安静"）。但是，这次手势还包含：指着鼻子（"用你的鼻子吸气"）和慢慢将手放下来（"保持镇静"）。在生日聚会上和空手道学习中，艾拉与小伙伴互动玩耍关系紧张时，他们就提醒他。为了增加在学校推广这种做法的可能性，艾拉的父母取得了他的老师的支持。尽管她并不是很清楚那些更为微妙的欺凌事件，但是她选择帮助艾拉应对挫折。

我们发现像赞同或者恭维这样的中立策略也很有帮助，尤其对于像艾拉和拉尔夫这样的孩子。这些策略背后的理念就是迷惑欺凌者，或者使他"措手不及"。欺凌者期望他们的受凌者反应强烈。如果艾拉说："你是对的，我很傻。"想象一下欺凌者的反应。如果有反应的话，现在欺凌者可能会感到不安，过一会儿，可能就厌倦了欺负艾拉。然而，考虑到艾拉的过度敏感，对他来说，说这么一句话可能会很受伤。他可能会放在心上，并且为自己感到难过。我们或许可以恭维欺凌者，对他说一些贬义的反话。现在我们来进行角色扮演，假装你是一个欺凌者，通过练习，帮助孩子作出反应：

欺凌者：你是个蠢货。

孩　子：并不是每个人都和你一样聪明。

欺凌者：你没有朋友。

孩　子：并不是每个人都和你一样受人欢迎。

欺凌者：你是个笨手笨脚的人。

孩　子：并不是每个人都和你一样动作灵敏。

不断练习和进行角色扮演，直到孩子能脱口而出。通过这种方法，她不必考虑反唇相讥。你也可悄悄提示她，小声说"反义"。

艾拉和拉尔夫两人都无法理解顽皮戏弄和坏心眼的戏弄之间的差别，尤其是讽刺挖苦。如果你的孩子也是这样，帮助她使用幽默——作为另一种中立策略来化解遇到的欺凌。幽默，像赞同和恭维一样，并不是欺凌者期望得到的反应，这是极好的、也是很简单的一种策略，如果你不知道说什么或者做什么，那就哈哈大笑。

你和你的同伴可以通过戏弄对方教会你的孩子讽刺和戏弄的区别，直到她笑得歇斯底里。然后你可以要求她来戏弄你，并且是以合适但不过度愚蠢的方式。下一步就是角色扮演的场景，戏弄你的孩子，并指导她通过笑声作出反应。

继续练习，直到孩子情不自禁爆发出笑声。表扬孩子的幽默感，并和她举手击掌。为了迅速推广，可以到现实生活场景中练习，比如宴会、家庭聚会和课外活动。当别人讽刺挖苦的时候，预料她会紧张不安，但是，你要去帮助她使用幽默化解这种情况。如果有需要的话，使用可能的奖励或者自发的奖励，从而帮助她"脱身"，并得到调整。

同时也要牢记一点：任何反欺凌方法的有效性取决于孩子对欺凌情

况预料的能力。因为环境总是在变化，你孩子预料的能力也会受到限制，经常有这种可能：事与愿违。我们通常推荐一些简单、但是大胆的战术，能够实施和实践，并对此能够游刃有余，当其他一些策略看起来不奏效的时候，这就可以派上用场了。例如，帮助孩子回应一些骚扰的话或者行动，说："别说了！""别管我！"或者"我不喜欢你那么做！"

或许最重要的反欺凌策略是以一种有效的方式寻求帮助。艾拉常常冲动并且愤怒地作出回应，大喊欺凌者的名字。这么做自然不会得到同龄人的喜爱，那些人常常给他加上"爱打小报告的人"的绰号。报告有害行为和爱打小报告之间是有区别的，确信孩子理解并接受这一点。进行角色扮演，直到当你自然地随口说出一些具体例子时，孩子都能正确地用"别去告状"或者"寻求帮助"予以回应。在现实生活的社交环境中练习，在学校确保得到老师的支持。

得到支持。 下一步要做的是通过培养全方位的支持，渐渐地赋予孩子力量，这样的支持来自小伙伴、老师、教练、心理健康专家（心理咨询教师、社会工作者或者咨询顾问）和管理人员。在不打扰他人的情况下，通过电话或者电子邮件的方式，尽量和孩子的老师建立关系。定期向老师询问她的最新状况，即使大部分时间对方都没有给出答复，也要表明你对对方的帮助很感激。如果你需要向学校上级了解，要做得得体。通常，心理咨询教师或者社会工作者可能是支持的重要来源。

询问一些反欺凌的方案、学校品德教育或者友谊俱乐部。如果没有，主动参加或者考虑分发一些反欺凌的材料。与其他父母多交流，有礼貌地询问他们的孩子有关同龄人的问题。尤其当欺凌发生在学校的时候，要利用他们的支持。对于管理人员来说，尽量弱化（甚至否认）欺凌的程度，这种情况并非罕见，当然，除非有些父母迫使校方作出改变。

通过当地的家长—教师组织，在你所在的社区进行联系。一些社区有特殊的教育组织，在汇聚志同道合的家长方面尤其有帮助，当他们勉强应付复杂的学校系统时，这些家长相互提供理解、支持和指导。这些父母和你一样，他们的孩子努力克服焦虑、学习紊乱和相关的神经系统问题，这些孩子经常被误解，甚至被欺负，和他们在一起，你会觉得不单单是你一个人在奋斗。

概述

在这一章，通过我们的逐步方案，我们已经引导你帮助孩子，教会他们应对与同龄排斥和欺负相关的社交弱势。我们讨论了一些策略，来帮助孩子无论是在以家庭为基础的情境还是与同龄人相关的情境中，都能更灵活、更受人尊重，为更健康的家庭关系和同伴关系的发展做好了准备。在第九章，我们将帮助你评估孩子的进步，来决定是否寻求专业帮助会更有益。

第九章

为了孩子的未来，请跨出一步

本章目标

在本章中，你将学会：

- 如何理解孩子的进步
- 与心理健康专家或者医学专家共事的好处
- 对自己的需求负责的重要性

理解孩子的进步

当你在评估孩子的进步时，要考虑到他社交困难的复杂性，这很重要。例如：相对独立的问题，一般来说，如害羞、社交焦虑和轻度不爱社交，都能对治疗作出有效反应，治疗后也能出现更清晰、更明显的结果。如果这样的话，你很容易看到孩子在以下几个方面的进步，如，他不再对社交持惊恐回避的态度、开始主动与同龄人进行社交活动、积极参加社交活动和课外活动。

在很多例子中，像伊莎贝尔（活跃起来较慢）、斯蒂芬（自我意识强）、贝丝（在需要表现的情况下紧张焦虑）和杰西卡（社交退缩）的例子，惊恐回避在很大程度上可以被最小化，与同龄人的社交程度也大大改善。当然，孩子活跃较慢的本性或者社交焦虑的趋势仍然存在。这就是为什么社交接触需要不断地进行，而且需要成为他生活中不可缺少的一部分。

然而，你要处理的挑战可能远比这复杂，孩子的进步可能反复无常，有的时候还不明显。这是由于存在的神经系统状况（例如，多动症、感知处理问题，或者实际的学习上的挑战）、焦虑和伴随的人格特征等可能会是顽固的长期存在。结果，对他的帮助可能是一项需要持续进行的工作，而且需要长期的努力。

孩子问题的严重性

除了考虑孩子社交困难的复杂性之外，我们还需要考虑的是，他所遇到的困难同时在妨碍他的家人、同龄人和他的学习能力，这一点也是很重要的。例如，保罗的社交恐惧无处不在，乔治的社交退缩会导致抑郁症状，同伴对艾拉的侵害是长期的，以及杰里米会成为一个强迫性的储物狂。

在这种情况下，孩子们经常需要治疗师全面的协助方案，这些方案能处理社交焦虑和相关问题。本书中的策略可以帮助孩子更有掌控感、加强他的自尊心，最后改善他与家人、同龄人之间关系的质量，但是，最好是将我们的方案作为第一步策略。如果你还没有这么做，尤其当孩子的困难已经渗透到他的学习中，并且正在影响他的学习能力的时候，我们鼓励你去寻求合格的心理健康专业人员的帮助。当焦虑和相关问题具有更为广泛和更强烈的影响时，儿童和青少年就会变得越来越容易出现抑郁或者自杀行为的临床表现形式。

自杀行为

每年大约有三百万青年表现出自杀行为，或者试图自杀。尽管在十二岁以下孩子身上发生这样的事是不寻常的，但是自杀是十五到十九岁青少年死亡的第三大原因。自杀行为的风险因素包括以下几个方面：

- 行为困难（抑郁、吸毒、酗酒、冲动、焦虑）
- 家族史和家族模式（其他家庭成员的自杀行为、缺乏凝聚力、缺少支持）
- 环境因素（消极生活经历、重大损失、同伴侵害）

当这些风险因素同时出现的时候，他们可能会导致绝望的心理。与无助不一样，无助通常是暂时的，而绝望是这样一种感觉：认为没有什么会得到改善。绝望已经被证明是一种重要的自杀预期。毫无疑问，以前的自杀行为将是未来最强的自我预期行为。

因此，对于我们的青少年来说，抑郁和自杀行为是主要问题。由于这三重危险（性格之间的相互作用、焦虑敏感性以及神经系统状况，见第三章），社交弱势的儿童和青少年极有可能出现强烈的情绪反应，比如：爆发性的情感发作、慢性疲劳、无法控制的焦虑以及抑郁症状。随着这些反应的持续，并变得越来越普遍，而且伴有不间断的家庭和环境压力源，社交弱势的孩子出现抑郁症和自杀行为的可能性也会随之增加。可以表明你的孩子正在考虑自杀的迹象包括以下方面：

- 行为上的重大变化（心情、精力、食欲、睡眠）
- 不断增加的冒险行为
- 关于死亡或者濒于死亡的评论
- 多次提到已经自杀的那些人
- 送掉一些宝贵的东西
- 关于死亡的主题，出现在孩子的音乐、艺术、文章或者诗歌中
- 一些可用的枪械或者毒丸
- 最近的、灾难性的损失（家族成员的死亡或者一种关系的破裂）

孩子可能偶尔会对死亡或者濒于死亡发表自己的评论（"我希望我已经死了"），这句话可能出现在最沮丧的情况下，在悲伤或者有退缩行为的那段时间里。后者更令人担忧，但是，任何关于自杀的评论都必须严肃对待，即使孩子是在提到朋友行为的时候说起的。孩子觉得自己没用或者无助（例如，如果他是慢性欺凌的受害者），同时也提到了自杀行为，一定要对这些迹象提高警惕。如果你怀疑孩子有抑郁症状或者正在考虑自杀行为，最重要的事情就是联系你的家庭儿科医师、学校辅导员或者合格的心理健康专业人员。

双相抑郁症怎么办

到目前为止，本书已经着重谈了社交弱势，这种社交弱势是来源于性格、焦虑敏感性和神经系统问题的结合体。但是，儿童和青少年社交弱势还有其他原因，最显著的就是双相抑郁症。双相抑郁症是一种精神紊乱，青少年会同时经受抑郁发作和躁狂发作，并且二者经常快速交替（例如，在一个小时或者几天之内）。抑郁症状包括一些情感，如悲伤、哭泣、对愉快的活动缺少兴趣，还会出现食欲和睡眠失调（见第二章）。

确诊青少年患有双相抑郁症是极其有争议的，主要原因有两点。第一，很难区分正常的"喜怒哀乐"及行为问题与真正的情绪障碍之间的差异；第二，孩子们可能不会像成人那样体验到躁狂。成人躁狂发作，其特点是情绪升高或者情绪膨胀（例如，感觉过于强大、自信及不可战胜）、用不完的精力（对睡眠的需求极少）、强制言语、冒险行为（比如，疯狂购物或者强迫性赌博行为）、判断力差（冲动）以及性欲亢进（对性题材有着特殊的兴趣；高风险的婚外情）。

例如，孩子的躁狂经常以极度亢奋的形式表现出来——这是一种症状，但不是双相抑郁症所独有的，它还与许许多多的行为问题相关。因此，童年时期的症状是否真正反映出躁狂症，这是有疑问的。

由于他们的极端情绪、长时间的爆发（持续好几个小时）和冲动，有双相抑郁症的孩子们不仅仅是社交弱势，他们还有参加黑帮或者邪教组织的风险以及发生意外事故、自杀行为、自残（如用刀割伤）、药物滥用和犯罪活动的可能。双相抑郁症是一种很严重的、潜在的失能障碍，假如得不到治疗的话，对孩子和他们的家人会有长期的影响。对于这种症状，家长的早期介入非常重要。如果你觉得孩子可能有双相抑郁症的迹象，一定要立刻咨询专门研究情绪和相关障碍方面的儿童和青少年精神病医生。

有关天赋

本书中描述的几个孩子都有自己的天赋，但这也导致了他们在年轻人中的社交弱势。被广泛接受的关于"天赋"的定义包括：一般智力或者具体的能力（比如数学、科学或者音乐）……超常的人，占美国人口的3%~5%，或者智商测试分数在130~155之间。智商超过165就是造诣深厚的天才儿童。

考虑到他们的智力发展、古怪的性格和独特的兴趣爱好，一些有天赋的青少年很难和同龄人建立良好的关系，这一点毫不奇怪。有天赋的青少年可能会经历发展不平衡，这种不平衡被称为"不同时性"，例如智力技能发展的速度超过了生理和心理技能，这就使得儿童和青少年感受到了社交上和情感上的不平衡。使问题更复杂的是，有天赋的青少年可能会遇到其他问题，包括注意力障碍、感知障碍、关系障碍或者学习障碍，因此，这些"双倍超常"的孩子成为社交弱势的风险很大。但是，由于他们非常明显的智力优势对这些方面的弥补，他们的学习挑战仍然未被发现。如果你的孩子也有社交、情感或者行为问题，并展现出明显的智力优势，不要犹豫，带他去做一下测评。及早介入并处理任何特殊的学习需求，或者独特的社交需求，在孩子学校学习和社交适应能力方面都能起到重大作用。

专业帮助对孩子的好处

让我们来正视这个问题：当说到帮助我们自己的孩子，要做到客观对待，可不是一件容易的事。

我们对情况很清楚。有的时候，当我们努力帮助孩子克服害羞、控制社交焦虑和不爱社交或者建立同龄关系的时候，来自公正的第三方的引导可以是一种强而有力的资源。专业指导能帮助保持你孩子的进步。

你是不是发现帮助孩子的过程其实是一次冲突的过程？记住：如果孩子社交弱势，他会经常觉得疲劳、不知所措或者失去控制。有的时候，要求他做任何一件事情对他来说确实太难，可能会引发他的情感爆发，或者进一步的社交退缩。当然，如果他拥有意志坚强的性格，他更不可能按照你的要求去做。

太多次的冲突或者未能改变孩子行为的尝试都可能给父母留下不愉快的感觉，例如，不知所措、怨恨和疲惫。当然，尤其当你没有足够的家庭支持的时候（例如：如果你是个单亲父/母，或者你的配偶没有参与育儿），你不可能总是时刻准备着去处理他社交困难、情感困难和与同龄人相关的问题。合格的治疗师会制订切实可行的治疗目标，同时也会对孩子（儿童或者青少年）设定有效的限制。你将不再被认为是不好或者难相处的父母，因为现在由治疗师全权负责建构这个治疗方案。随着时间的推移，孩子会越来越独立、灵活，并且愿意与他人合作，治疗师也会帮助你对自己设定一些有效的限制，并支持你这么做。

与合格的治疗师合作的另一个好处就是：治疗师会将定期的后续行动也纳入这个方案中。在我们期待转变的紧张时刻，这些来访者的案例可以被用来更新实践中的应对技巧，或者提升解决问题的能力。

考虑药物

以我们的经验来看，在有轻度到中度社交焦虑或者社交退缩的孩子中，大部分的儿童和青少年会积极响应治疗，不会成为使用药物的备选人。作为心理学家，我们相信认知行为疗法的力量，以及其他以证据为基础的心理治疗的力量。但是，我们也理解：许多儿童的问题都受到生物敏感性、神经学敏感以及情感过于敏感的影响。

有的时候，要处理这些敏感性，即使合格的心理健康专家的指导也不够用，因此，在某些时候，你需要考虑以药物作为孩子治疗方案的一部分。通常只有当社交焦虑或者不爱社交时间足够漫长，最后导致普遍的惊恐回避，或者导致不间断的抑郁症状的时候，药物治疗才会被考虑使用。很明显，对于挣扎于这些敏感性中的孩子来说，药物治疗很有价值，有的时候，它有助于儿童或者青少年克服焦虑和相关问题。在严重焦虑（例如：强迫症）、恐慌、拒绝上学、抑郁或者自杀行为出现的危急关头，与认知行为疗法相结合的药物同样也有帮助，能有效地减少危机，因此，可以利用心理治疗。

然而，更典型的是，你可能需要药物来帮助孩子更有效地规范他的感情。他可能并没有出现危机，但是，他也许经常由于情感问题而不知所措（比如：爆发性的情感发作），或者他持久的消极状态已经达到了难以忍受的程度。他一直在告诉你，社交方面太繁琐实在应付不过来。如果这种状况发生的话，你们家人之间的关系也很可能被完全打乱了（例如父子关系、配偶关系或者兄弟姐妹关系），对孩子进行药物治疗可能有助于修复家庭的平衡感。最后，药物可以帮助孩子更有效地控制学习或者行为问题，因为这些问题都是由于一种特定的神经系统紊乱所造成的。

如果孩子的现状确实导致你要考虑药物治疗，我们建议在精神病医生的帮助之下使用，因为他们专门研究如何治疗儿童和青少年的焦虑和相关问题。这样可以有专业人员严密监控孩子对药物的反应，以及产生的任何副作用。

照顾好你自己的需求

有许多父母已经完成了我们的方案，他们一直很努力地帮助自己的孩子处理他们的社交问题。然而，在这过程中，对于自己的幸福，他们并没有投入同样多的时间和精力。

照顾好家人应该是非常重要的。但是，当他们的孩子有着不间断的社交问题、情感问题或者行为问题，而父母们同时也能够顾及他们自己的需求的时候，这样的父母就做到了有效地养育孩子。抚养有这类问题的孩子是极其具有压力的，也是累人的，有的时候还令人沮丧。对于护理人员来说，不仅成为促进健康家庭的重要组成人员很重要，进行适度的减压活动也很重要。如果你还不愿意，或者仅仅是没有时间去追求自己的兴趣爱好、去和朋友参加社交活动或者去体育馆健身，那现在该是时候了，采取行动追求一种更积极、自我关爱的生活方式。这样，你和你的家人包括孩子都会从中受益。

照顾好你自己的心理健康

培育自己的需求和寻求专业人员对孩子的帮助都是很重要的措施，但是他们可能不会总带来有效的解决方法。有的时候，父母也需要专业人员的帮助，帮助学会照顾自己的心理健康需求。

独自一人去处理社交弱势孩子的一些需求，包括社交需求、情感需求、行为需求和学习需求，是会把人累垮的。那么家里其他人的需求呢？家中的秩序如何维持呢？如何继续你的工作职责呢？如果你无法全部做好的话，作为一位父母、配偶或者搭档，你会觉得自己很失败。毕竟，你觉得你应该能够处理好每件事。（请记住："应该"是一种认知扭曲。你真正想要表达的是：你希望有能力将这些情况处理得更好。）但是，在这种情况下，你自己可以独自处理一切不大现实，如果硬要尝试这么做的话，可能会使得你自己更容易产生焦虑、抑郁，或者其他身体方面的问题。

慢性疲劳、担忧或者不爱社交可能会限制任何一位父母帮助他们孩子的能力。诸如家庭冲突、婚姻问题、缺少情感支持或经济支持等其他原因也会导致压力，这样的压力也会妨碍父母帮助自家孩子的能力。如果你觉得自己能从专业人员的帮助中受益，请考虑联系你的医生或者当地的心理健康中心去寻求帮助。记住：你是家中不可缺少的一员，也是你深爱的人所依赖和珍爱的那个人。因为这一点，你必须照顾好自己的需求和心理健康。这个时候，你要优先考虑自己。

概述

不管你是独自学习我们方案中的课程，还是在合格的心理健康医生或者医学专业人员的帮助之下学习，你已经采取了重要步骤来帮助孩子克服害羞、社交焦虑或者不爱社交的问题，最重要的是，你已经帮助他改善他的社交弱势，并保障了他的社交幸福。